格局决定结局

王 雄 编著

吉林文史出版社
JILIN WENSHI CHUBANSHE

图书在版编目（CIP）数据

格局决定结局 / 王雄编著. -- 长春：吉林文史
出版社，2019.9（2023.9重印）
ISBN 978-7-5472-6468-3

Ⅰ．①格… Ⅱ．①王… Ⅲ．①成功心理－通俗读物
Ⅳ.①B848.4-49

中国版本图书馆CIP数据核字(2019)第153386号

格局决定结局

GEJU JUEDING JIEJU

编 著	王 雄	
责任编辑	魏姚童	
封面设计	韩立强	
出版发行	吉林文史出版社有限责任公司	
地 址	长春市净月区福祉大路5788号	
网 址	www.jlws.com.cn	
印 刷	天津海德伟业印务有限公司	
版 次	2019年9月第1版 2023年9月第3次印刷	
开 本	880mm×1230mm 1/32	
字 数	145千	
印 张	6	
书 号	ISBN 978-7-5472-6468-3	
定 价	32.00元	

　　局就大了。不管你身处何等位置，都要有大视野、有大追求、有大气魄。格局做大，你才可以不被眼前的小事情所羁绊，做到天高任鸟飞，海阔凭鱼跃。

前　言

你的格局有多大，你的路就有多宽。

有三个工人在工地砌墙，有人问他们在干吗？

第一个人没好气地说："砌墙，你没看到吗？"第二个人笑笑："我们在盖一幢高楼。"第三个人笑容满面："我们正在建一座新城市。"

10年后，第一个人仍在砌墙，第二个人成了工程师，而第三个人，是前两个人的老板。

我们的未来就如同大饼一样，能烙出多大的"饼"，跟"锅"的大小密切相关。再大的饼，也大不过烙它的锅。

——这就是所谓的"格局"。格局就是指一个人的眼光、胸襟、胆识等心理要素的内在布局。一个人的格局大不大，不是取决于他的出生、地位、职位，甚至也不是年龄和性别。一个人的格局取决于他看世界的眼光和思想的深度。

人生只有格局大，才会走得海阔天空。人生是一盘大大的棋，你却只在一个边角消磨时间。要是你能怡然自得倒没什么，因为幸福只是一种单独个体的感觉，你觉得好，那就好，旁人无法置喙。但若你一面哀叹自己"命苦"，不甘心，不服气，一面还在那个逼仄的边角不思改变，那就需要好好反思了。

有一个词叫"局限"，局限就是格局太小，为其所限。就像是下围棋，你是在四个角放子，而不是在一个角卷羊头，这个格

目 录

第八章 胆识是成功的法宝

第九章 生存很需要智慧

第十章 合作是力量的源泉

第一章　做个有大格局的人

李鸿章在23岁时曾作言志诗:"丈夫只手把吴钩,意气高于万丈楼;一万年来谁著史,三千里外觅封侯。"而和他同一个时代的左宗棠,在24岁时作有一副言志对联:"身无半亩,心忧天下;读破万卷,神交古人。"

李鸿章立志做大官(觅封侯),终平步青云、爵位显赫;左宗棠立志做大事(忧天下),终平定叛乱、战功显赫。不同的格局让两人走了不同的路,并造就了不同的人生。

人生最怕格局小

有一首歌是这样唱的："星星还是那颗星星哟，月亮还是那个月亮；山也还是那座山哟，梁也还是那道梁；碾子是碾子，缸是缸哟，爹是爹来娘是娘；麻油灯呵还吱吱地响，点的还是那么丁点亮。哦，哦，只有那篱笆墙影子咋那么长。"

有则相声曾经调侃这首歌，认为"啥也没说"。真的啥也没有说吗？——非也，"说"了很多，例如对于传统格局的艰难突围。这首歌是电视剧《篱笆·女人和狗》的主题曲，电视剧里刻画的是一个出生在偏远山村里的年轻妇女枣花——葛家的三媳妇，由于对自己婚姻的不满，对农村世俗的顽强挑战。千年的乡村，一切都没有什么变化，篱笆墙的束缚，还是那么长。但枣花，最终走出了束缚，赢得了新生。

谈到人生的格局，笔者不禁想起了一则故事。一位记者采访某贫困山区的放牛娃："你放牛是为了什么？"

"挣钱。"放牛娃回答。

"挣钱做什么？"

"娶媳妇。"

"娶媳妇做什么？"

"生娃。"

"生娃做什么？"

"放牛。"

……

这场看似平淡的对话让人读了不胜唏嘘。山区的放牛娃由于知识、眼界的束缚，把自己的世界锁定在"牛、妻、娃"这三者身上。而一个人活着，如果仅仅是为了挣钱娶妻生娃，其逼仄的人生格局将令自己的人生变得多么苍白与平庸啊！

都市中就没有"放牛娃"吗？台湾政坛上有名的陈文茜女士，在接受央视记者白岩松的采访时，说过一段这样的话："女人在这个社会并不容易，你嫁个好丈夫也不容易，你单身也不容易，所以我们看到大多数的家庭主妇、职业妇女都不太快乐。很大的原因就是说，其实世界上可以给一个女人的东西相当少，她就守住一块天，守住一块地，守住一个家，守住一个男人，守住一群小孩，她的人生到后来，她成了中年女子，她很少感到幸福，她感到的是一种被剥夺感。"

这段话中，最令笔者感兴趣的是："守住一块天，守住一块地，守住一个家，守住一个男人，守住一群小孩，她的人生到后来，她成了中年女子，她很少感到幸福……"陈文茜女士的话本来是针对女人说的，认为许多女人限制了自己，将自己的格局做得很小，因此失去了幸福感。其实不只是女人，男人也同样会把自己的人生格局做得很小。

心有多高远，梦有多高远，脚就有多高远。因为，没有比脚高的山，没有比步长的路……

人生最怕格局小。就像是下围棋，你是在四个角放子，而不是在一个角卷羊头，这个格局就大了。不管身处何等位置，人都要有大视野、有大追求、有大气魄。格局越大，你才可以不被眼前的小事情所羁绊，做到天高任鸟飞，海阔凭鱼跃。

世界是无垠的，然而，我们自己却总是囿于自己的一个空间，仿佛自己织就的茧，也许外面阳光灿烂，或者星光无限，但是却缺少一面窗口。我们所看到的不过是方丈之地，呼吸的不过是回忆的阴霾。

有格局，才能开创出一番事业

张爱玲曾说："成名要趁早，来得太晚的话，快乐也不是那么痛快。"

虽然她的这种态度有些功利，但也包含着进取的精神。当学生的时候，我们常常被老师叮嘱要笨鸟先飞，其实光脚的穷人更应该早立志。

穷人和富人生长的环境不同，穷人光脚走路，富人跑车开路，穷人要想闯出自己的一番天地，就必须要尽早找到自己人生的方向。

一些出身普通的人们，为什么年纪轻轻就事业有成呢？他们除了自身的见识、胆量和运气，更重要的是立志早，当身边的同龄人还在想着明天该到哪里去玩的时候，他们已经在思考着"如何淘到第一桶金了"。

有的人会说："我不要什么远大理想，我只想在小县城里，找一份稳定的工作，安安稳稳地过日子。"这种人年轻的时候就胸无大志，将来上班工作了也是像老牛拉磨一样懒懒散散，浑浑噩噩。年轻的时候你过得很滋润，再过5年、10年、20年，你的生活会怎样？昔日的同学开着跑车、住着别墅，而你只能天天蹬着自行车上班，尤其是看到父母、爱人和孩子跟着你受罪，你的胸口一定会隐隐发痛的。

年纪轻轻的你还在混日子吗？醒醒吧，别像梦游者一样漫无目标地晃悠了，你该思考一下自己的未来了，问问自己："我想干什么？30岁时我希望我自己是个什么样子？"

懂得未雨绸缪、对未来早做规划的穷人，才能有好前途和好出路。

但是，空喊"我要奋斗""我要做有钱人"是没有任何用的。作为穷人家的孩子你要有格局，更要有务实的态度和积极的行动。从现在起，把你的理想和计划落实到行动当中去。这样你的前途才不至于沦为纸上谈兵。

说到这一点，我们来看下面的这则故事。有一天，老师让孩子们写下自己的理想，一个小男孩用7张纸描述了自己的理想，他在纸上画了一个大大的农场，上面有草场、牧群、马厩、跑道，在农场的中央他还画了一栋豪宅。

课后，老师单独找到了这个男孩，并对他说："你这么小就对未来有这么细致的构想，我感到很欣慰。但是，你要明确一件事：农场不是你想盖就能盖起来的，它要花不少钱呢。你不仅要花钱置地，你还要买纯种马匹，然后你还得花钱照顾它们。但是就你目前的家庭状况来看，你是很难完成你的理想的。那么问题来了，你怎样才能合理合法地得到这笔钱呢？孩子，记着农场的样子，想着这个问题，我相信你在不久的将来会得到你想要的答案。"

30多年以后，这个小男孩实现了自己当初的设想，并将当年的恩师请到自己的豪华农场里做客。

这个男孩名叫劳伦·杰拉德。劳伦·杰拉德是一名驯马师的儿子，他没有显赫的双亲，也没有家财万贯的资本，但是与其他平庸的同学相比，他最终成了令人仰视的财富偶像。

劳伦·杰拉德的故事告诉我们，穷人要想出人头地就必须要早立志，并把自己的计划落实到行动当中去，只有这样，任何不可思议的构想才有可能变为现实。

人要有格局，这样才可能开创出自己的一番事业来。在生活中，人如果没有格局，对做人和做事都抱着得过且过的心态，什么事都想一劳永逸，那样的人生只能是平庸单调。人生是个大舞台，心有多大，舞台就有多大。我们需要大格局，才会不断努力向上，取得事业上的成功。

打开窗户，迎接阳光

那些没有见过阳光的人，是可悲的。

不要待在小世界里卑微地活着。本来有一扇窗户通向幸福，我们却常常自觉不自觉地关上了它。我们之所以时常茫然，时常丢失了自己，是因为忘记了享受阳光，即便外面花香鸟语，但是胆怯让我们忘记了春天，或者害怕春风会带来流行性感冒。不管生活对我们仁慈还是残酷，都是生活的给予，就因为是给，而不是取，所以我们都要去面对。选择积极的生活方式吧，既然我们不能停止生命的车轮，就应该让它走得更轻松一些，不要忘了欣赏路边的风景。

阳光就在窗外，只要打开它，阳光就会进来。即便人生寒暑交替，风雨常来，而我们的路也从来不是平坦的，泥泞和坎坷必定会伴随我们终生。但是，我们要坚信，阳光就在那里，永不远去，只要心里充满阳光，那么阴霾将离我们远去。一切的悲伤抑郁必将风轻云淡。所以，我们要打开心窗，把阳光"迎接"进来，拂去心灵的灰尘，晒干记忆的阴晦，带走心中的徘徊，消除心头的烦恼，一起与幸福快乐腾飞！始终坚信晴天总比雨日多，要去享受生活。也许你什么都没有，但拥有快乐，那么你就是这个世界上最富有的人。

路要越走越宽

有这么一个实验：往一杯清水里加食盐，开始的时候，食盐快速溶化，甚至很快就肉眼不可见，跟一切都没有发生过一样。但是，如果你一直往里面加食盐，终于有一个时候，食盐不再被水所接纳，这种现象，我们或者直观地认为水里已经装满了东西，不再能接纳任何事物了。但是，奇怪的是，假使你往里面加糖，却可以继续溶解，但是当糖溶解到一定程度后，也不再溶解了。

这个实验好比我们的人生，我们的生命正如这一杯水，我们不能改变时间的长度，每个人都有生老病死，在劫难逃，正如杯子的大小决定了水的多少，这是我们不能改变的。但是，我们却可以改变人生的宽度和厚度，正如当食盐不再溶于水的时候，糖却可以继续溶于水，我们对自己的设限其实很多时候只是我们以为的宽度。

如果说生命的长度一定，那么，生命的体积就完全取决于其宽度和厚度了，比如两只青蛙，一只在井底，一只在田野，虽然它们都以昆虫为食，与水为伴，但是它们生命的宽度就是迥异的，坐在井里那只青蛙对天空的认识大概只有桌子那么大的一个圆，而它的世界也局狭在那一口深井中。如果它说这世界就这么大，有谁能责怪它吗？而生活在田野的那只青蛙，它能看到无边无际的天空，能看到高山大树，丘陵平原，甚至它还可以去江河里游泳，那么它的生命的宽阔自然与井底那只不可同日而语。

世界上还有这么两种人，一种很薄很宽，但是却一点儿厚度精度也没有，正如人们常常形容的"样样通，样样瘟"，就是什么都会一点儿，什么都不精。这种人很宽广，但是却失于肤浅，所以我们在提拓展人生的宽度的时候，绝不是把以完全牺牲厚度为代价；而另一种人呢，他们很专很精，心无旁骛，在工作外的其他方面表现得非常低能。一种典型的形象就是很糊涂的科学家们。这类人专而精，甚至伟大，或许他事业上的贡献是无可匹敌的，但是人生的成就并不大。

如果一个人只有宽度而没有厚度精度，或者只有厚度而没有宽度，那么，他取得的成就就不会太大。也更加难以适应社会，而相对来说，各方面均衡一些的人总会在人生的海洋中游得更加畅快一些。历史上的确有许多天才类的人物，但是，他们的短板使他们毕生都壮志未酬，固然留下许多佳话，但是对于主人公自身，却是一出道不得的悲剧。

李白少年即有奇志，他的诗也非常豪迈，在他的诗中常常有"长风破浪会有时，直挂云帆济沧海"的壮志流露，但是，却由于他自身放荡不羁的缺点，终于做了一个民间的流浪诗人，而与他朝思暮想的建功立业相去甚远。

一天，渤海国使者呈入番书，文字非草非隶非篆，迹异形奇体变，满朝大臣，均不能识。玄宗怒道："堂堂天朝，济济多官，如何一纸番书，竟无人能识其一字！不知书中是何言语，怎生批答？可不被小邦耻笑耶！"众皆汗颜，正为难间，玄宗想到李白，即召入宫，李白却识得番文，宣诵如流。玄宗大悦，即命李白亦用番字草一副诏。李白欲借此机会奚落高力士，乞请高力士为他脱靴。玄宗笑诺，遂传入高力士。高力士一直是玄宗身边最亲近之人，官封冠军大将军、右监门卫大将军，渤海郡公，权势熏天，怎肯受此奇辱，只因玄宗有旨，不便违慢，无可奈何忍气吞声，遵旨而行。李白非常欣慰，遂草就答书，遣归番使。

高力士对此事一直耿耿于怀，但李白正受玄宗所宠，他不好直接在玄宗面前诋毁李白，继而转向贵妃。一天，高力士与贵妃谈及诗歌，劝贵妃废去清平调。贵妃道："太白清才，当代无二，奈何将他诗废去？"高力士冷笑道："他把飞燕比拟娘娘，试想飞燕当日，所为何事？乃敢援引比附，究是何意？"贵妃立时变色。原来唐代妇女以丰满为美，贵妃亦不例外，而汉代妇女自皇后赵飞燕始，以纤瘦为美，汉成帝生怕大风把赵飞燕吹走，还专为她建了一座七宝避风台。玄宗尝戏语贵妃道："似汝当便不畏风，任吹多少，也属无妨。"贵妃知玄宗有意讥嘲，未免介意。女人心胸狭窄，贵妃受高力士挑拨，认为李白作诗嘲讽自己体形偏胖，不由得忌恨起李白来。

自此贵妃入侍玄宗，屡说李白纵酒狂歌，失人臣礼。玄宗虽极爱李白，奈为贵妃所厌，也只得与他疏远，不复召入。李白知为高力士报复，亦对李林甫把持的朝廷失去信心，天宝三载，李白恳求还归故里。玄宗赐金放还，李白遂又浪迹四方去了。

历史上像李白这样怀才不遇的人不少，他们往往在某一方面有着惊人的造诣，却也往往有种惊人的性格缺陷，不妨设想一下，以李白之才，倘若具有一点儿官场人的处世智慧，又以唐明皇对他的宠爱，做一任宰相，实现他的政治抱负也不是不可能的事。但是，我们的天才李白在处世的时候太天真，因此，历史上多了一位伟大的诗人，却少了一位卓越的政治家。

对于人生的筹划，其长度是不由我们自己控制的，但是对于人生的宽度和厚道就该相辅相成，不可偏废。当生命以时间为维度向前流淌的时候，其宽度和厚度应该由我们逐渐拓宽掘深，这样，我们的价值才有可能最大限度地体现出来，离幸福也就越近。

拿得起，还要放得下

"拿得起，放得下"这句话可能已经成了好多人的口头禅，但是真正深有感触，有所体会的人却不是很多。往往会出现这么一种情况，"拿得起"容易，"放得下"很难。所谓"放得下"，是指心理状态，就是遇到"千斤重担压心头"时能把心理上的重压卸掉，使之轻松自如。生活中不顺心事十有八九，要做到事事顺心，就要拿得起放得下，不愉快的事让它过去，不放在心上。

当然，首先我们要拿得起，如果一个人根本"拿不起"，不能承担任何事情，你要他"放下"就是一件可笑的事情。比如著名的阿斗先生，民间有句俗话叫"扶不起的阿斗"，这位先生从来没有什么主见，虽然大多数时间能听他的相父——诸葛亮的话，但是偶尔也会给这位伟大的政治家找麻烦。阿斗先生就属于那种拿不起的人，但是，他倒放得下，比如有人问他被软禁得快不快乐，他语出惊人："此地乐，不思蜀。"做人如刘阿斗，那最好是先学会拿得起，再谈放下的问题。

而有时候，我们是拿得起，却总是放不下。佛家有偈语云："由爱故生忧，由爱故生怖，若离于爱者，无忧亦无怖。"其实，我们放不下，只是因为我们对于某事、某物、某人爱得太过。因而出现种种纠结与不舍，甚至火中取栗，做一些令自己身败名裂的事情。

一则故事说，法国人从莫斯科撤走后，一位农夫和一位商人在街上寻找财物。他们发现了一大堆未被烧焦的羊毛，两个人就各分了一半捆在自己的背上。

归途中，他们又发现了一些布匹，农夫将身上沉重的羊毛扔掉，选些自己扛得动的较好的布匹；贪婪的商人将农夫所丢下的羊毛和剩余的布匹统统捡起来，重负让他气喘吁吁、行动缓慢。走了不远，他们又发现了一些银质的餐具，农夫将布匹扔掉，捡了些较好的银器背上，商人却因沉重的羊毛和布匹压得他无法弯腰而作罢。这时，天降大雨，饥寒交迫的商人身上的羊毛和布匹被雨水淋湿了，他踉跄着摔倒在泥泞当中，而农夫却一身轻松地回家了。他变卖了银餐具，生活富足起来。

如同这位商人一样，生活中，我们有种种恋恋不舍。也许你正在为生活得不如意而苦恼不已；也许你正在为你做人受千夫所指而痛苦不堪；也许你正在为你的失恋而受伤憔悴；也许你正在失败面前手足无措而一蹶不振。你认为生活欺骗了你；认为感情辜负了你；认为社会对你不公；认为人情薄如春冰；认为活着没有什么意义……一切的一切，都如沉淀在心中的梗石，挥之不去，迟滞不走；一切的一切都让你在生活之中找不到生的希望。

其实，只要人活着，生活还是生活，每一天都是我们要闯过去的河，如果你怨恨失败，你就会在怨恨中后悔一生。生活中，除了你自己会被自己打败，别人永远击不垮你，人生下来就是一根铮铮铁骨，只是有的人被人生中的困难磨平压垮，有的人面对挫折意志练就得更加坚忍不拔，如果我们能调整好心态，能把自己的人生视如一个奋斗不息勇往直前的过程，我们就会对生活充满希望。这就要做到：拿得起，放得下。

成功在于我们拿得起放得下，人生失败时，拿得起放得下，我们就不会一蹶不振，敢于东山再起；人生成功时，如果能拿得起放得下，我们就能淡泊名利，不被名利所累，不会被鲜花掌声冲昏头，敢于再接再厉勇往直前。

成大事者不拘小节

一位朋友在酒席筵前突然发起了感慨，究其原因，原来是他作为公司的业务负责人，在请重要客户吃饭的时候，常常抢着买单，偶尔也会给客户送礼，总之一切做得殷勤备至，自然花销也不小，但是作为公司财产的合伙人却十分抵触这样的行为，总认为他是慷公司之慨，不知道节约成本。因此，这位朋友得出一个结论，做财务的人都不会有什么出息。

这其实是一件公说公有理，婆说婆有理的事情，而他的观点也过于偏颇，但是做人做生意，实在是不能太拘于小节。俗话说："舍得，舍得，有舍才有得"，如果在跟重要客户聚会的时候显得过于小气，自然不利于事业的发展。但是，站在财务人员的角度，节约成本本身也是他们的使命，如果太介意这样的意见，倒反而是拘于小节了。

成大事者不拘小节。何谓"不拘小节"？"不拘小节"其实是形容待人处世不拘泥于小事，不为小事所约束。多指不注意生活小事。但是要明白一点，"拘"是拘泥的意思，形容被束缚其中。很明显，不拘泥并不等于不注重，不遵守。而是指不束缚于小节，做事的眼界自然更宽阔、方法自然更灵活。其次，要对小节有所区分，成大事者不拘小节，这个"小节"是指无关大局的细枝末节，非原则的琐事。它的外延非常之广，小到生活琐事：衣着起居；大到自身利益：生死攸关。大科学家爱因斯坦整日蓬头垢面，可谓不拘小节；大文豪李白豪放不羁，当称不拘小节，所有小节，并不等同于细节。而是指事物发展的次要矛盾，把握事物的发展更应看方向和主流。如果爱因斯坦对于仪表十分注重，其精力必然会有所分散，如果李白对其言行过于求全责备，那么其诗歌必失去狂放的意味。

从理论层面判断：事物总是主要矛盾和次要矛盾，"大局"总是优先于"小节"。处理问题不能舍本逐末。要知道，解决主要矛盾的同时，次要矛盾也能迎刃而解。

这好比河中的货船，如果船底缺了一条小木板就会沉入河底，这条木板就是细节；而如果水面上的甲板上缺了一块木板，除了影响美观外，却不会造成任何损失，这条木板就可称为小节。这是两个完全不同的概念。

清朝时，在安徽桐城有个一个著名的家族，父子两代为相，权势显赫，这就是张家张英、张廷玉父子。

清康熙年间，张英在朝廷当文华殿大学士、礼部尚书。老家桐城的老宅与吴家为邻，两家府邸之间有个空地，供双方来往交通使用。后来邻居吴家建房，要占用这个通道，张家不同意，双方将官司打倒县衙门。县官考虑纠纷双方都是官位显赫、名门望族，不敢轻易了断。在这期间，张家人写了一封信，给在北京当大官的张英，要求张英出面，干涉此事。张英收到信件后，认为应该谦让邻里，给家里回信中写了四句话：千里家书只为墙，再让三尺又何妨？万里长城今犹在，不见当年秦始皇。

家人阅罢，明白其中意思，主动让出三尺空地。吴家见状，深受感动，也出动让出三尺房基地，这样就形成了一个6尺的巷子。两家礼让之举和张家不仗势压人的做法传为美谈

所以，从张英的故事可以得出一个结论：做人一定要大气，要有大格局，眼光一定要放长远，不要局限于一时一事。这样才把事情的脉络梳理清楚，才能对事物的发展方向有一个把控。如果一个人总是执着于小节，那么，按照古代的说法叫作"器小"，而一个"器小"的人，从来不会有什么大作为的。

第二章 眼界决定境界

很多人之所以无法成就一番事业，并非能力比别人差，也不是机遇比别人少，而在于他们目光短浅。

眼界决定境界。只有比别人看得更远更宽，你才能将事业做得更强更大。凡事要沉住气，不要盲目地做出判断和决定，应该更好地分析问题，要看得更深远更宽广一些，这样才能够走出一条宽广的人生之路。

眼界即心界

何为眼界？比较直观的说法就是目力所及的范围。但是生活中我们常常不这么用，而更多的引申为见识的广度。眼界广者其成就必大，眼界狭者其作为必小。正如非洲的酋长去英伦三岛观光，回来后，别人问那里的情形怎样，酋长想了想，回答："那里的人都说英语，连小孩子也在说。"酋长说得并没有错，他所注意的只有这些，其他的或许被忽略了。这就是眼界的差别！何为心界？心胸之界也。换句话说，心具包容，心胸开阔。因此心界修为深厚而广博者，能博知身外之事物，能晓身外之至理，能洞察身外之万千繁复现象，尤其是更能明自身之必然长短。

人的眼界和心境是相辅相成，相互作用的，人有了心界，眼界才会高远，而眼界开阔了，心界自然深明，这样互相促进，互为依存。如果一个人小肚鸡肠，就会以自己的见识去揣度他人，以自己的见识去论定天下事，更会以自己的经历之去猜度他人经历思想。所有这些，其实皆乃心界修为不够。正如《庄子·逍遥游》的那些燕雀，由于他们长期徘徊在屋檐蓬蒿之间，对于他们来说，世界不过就那么一点宽度和高度，生活不过就是一些草籽小虫而已，或者运气好一点，可以偷吃到一点稻谷什么的。对于这些眼界低的一群，如果有一种动物，它不满足于咫尺的天地，不安逸于饱食终日的生活，那么，这种动物就是一种异端，是不合群的，是被上帝诅咒的。心界不高的人，见到别人有的东西，而自己却从未有过玩过，则必妒意萌生，酸气上涌，说一些葡萄一定很酸的话。而心界不高的人，就会看什么也都不顺眼，总觉得世界乱了套，也总觉得自己是被上天亏欠的，心界不够，更至道德弱化，自高自大，自以为是，最终也将导致自己的失败。

只顾眼前，不顾长远，是眼界的局限。悟道入里，参透内核，是境界的深功。称为匠的，没有境界，功夫只在表面，活干得再多，只是单调地重复，是"制造"。铁匠打造兵器千万，不见得有多深的造诣，泥水匠盖房子千万间，也不值得炫耀。而称为师的，有着天人共誉、鬼神皆惊的高深的境界，出手不凡，无人能及，是"创造"。干将莫邪是铸造师创造的寒锋；故宫是建筑师创造的雄伟；精美绝伦的玉石雕器物是雕刻大师创造的心智。这岂是匠人所能为。

其实，匠与师的差别就在于是否有心界。匠之所以为匠，是因为他们几乎谈不上有什么心界。理论上不琢不磨，业务上不求甚解，技术上浅尝辄止，创新上故步自封，工作上自我欣赏，岂不是画地为牢，把自己封闭在眼光所及的方圆界限内了吗？一道童想和师傅学炼丹药，师傅说要先学采药。可每次进山采药时，道童总是看到毛毛虫，怕得直叫。还问师傅，我怎么越是害怕它就越是看到它？师傅说，你心里没有草药，就见不到草药；你心里总是想着毛毛虫，就总是看见毛毛虫。毛病出在你是否用心啊！从此，小道童一心学习各种草药的生长习性、性能、功效，不断地把眼界放宽，最后终于从一个小采药匠成长为道家医师。

有心界的人，首先是能够欣赏的人。欣赏美的事物、美的风景，需要一双睿智和善于发现真谛的眼睛。遍地的小草没有竹子的俊逸，但它是坚强的，它经历着风吹雨打，电闪雷鸣，依旧翠绿蓬勃，奉献着那片绿；蒲公英没有牡丹的艳丽，但它在那远离喧嚣的山野，悄悄地放飞着自己的理想；密密的楼群没有鸟巢那种豪华、恢宏的气势，但那是一首首凝固的音乐，跳跃着温馨、和谐的旋律……

面对孩子的涂鸦，在你眼里或许只看见污染了的墙，为什么不把这看作是未来画家的起步呢？旁人吸烟时，在你眼里满是厌烦，为什么不想一想林语堂的散文呢？"秋天的黄昏，一人独坐在沙发上抽烟，看烟头白灰之下露出红光，微微透露出暖气，心头的情绪便跟着那蓝烟缭绕而上，一样的轻松，一样的自由。"呵呵，多美的意境！

一花一世界，一鸟一天堂。花还是那个花，鸟也还是那个鸟，不同的是人的眼界。

眼界决定心界，心界决定世界。归根结底是思想的问题。思想狭隘，就会鼠目寸光，蜗之角、螺之居，不见大天，尺寸之间即是世界；思想宏大，就能放眼世界，可以超脱一切地域的限制，即使是在螺蛳壳里也能开道场，一沙一世界，一石一昆仑，胸中揣明月，两腋生清风，这才是大境界！

生活的每一天都是美的，不美的只能是你的心态。有道是：春有百花秋有月，夏有凉风冬有雪，若无闲事挂心头，便是人间好时节！

读万卷书，行万里路

当下确确实实有一种错误的观点，那就是读书无用论。在一些人看来，古代十年寒窗之后，一举成名便意味着地位和财富，以及由此带来的诸多幸福。但是，曾几何时，即便是天之骄子，也不免毕业即等于失业，而家长为了孩子教育付出的成本与其产出往往并不总成正比，于是便有了种种鄙薄知识分子，看轻知识的倾向。

其实，读书无用论也绝不是当代的新生事物，早在春秋时期，孔子的学生子路就提出过"以此言之，何学之有"的疑问；五代后汉时，大臣们曾吵过一架。一个说："安定国家在长枪大剑。安用毛锥？"另一个说："无毛锥则财赋何从可出？"，而为毛笔辩护的人却一样瞧不起知识分子；黄巢入长安建立齐朝后，"有书尚书省门为诗以嘲贼者"。结果是："大索城中能为诗者，尽杀之。识字者执贱役。凡杀三千余人。"；至于焚书坑儒的事情就更不必说了。新中国成立后，在"文革"时期，也由于有了"知识越多越反动"的错误论断，造成了全民普遍轻视教育，知识分子被视为"臭老九"的奇怪现象。

这么多人都仇深读书，那么，读书真的没有用吗？人们往往拿一些初识文字的企业家来为不读书辩护，言必"某某老板大字不识，难道没你混得好？"这种说法是极不负责任的，首先，时代造英雄，改革开放是一次黄金的机遇，一些人抓住了，并非因为他没有知识才能抓住机遇，而那个时代，人们受教育的水平普遍低，再则，这些企业在生活和工作中，也在不断加强学习，有人见过连申请都看不懂的老板吗？所以说，也许书本知识跟能力无直接关系，但起码，书本知识跟一个人的见识有关系。因为读过书，你的眼界才更加开阔，所谓"秀才不出门，能知天下事就是这个道理"。古人云："书犹药也，善读之可以医愚"，一个人如果多读点书，提高素养，那么能力会有一个质的飞跃。同样智力水平的人，也是"腹有诗书气自华"。两个人从事同样工作时，成绩一样，一旦工作变得有挑战性，读过书的人就会脱颖而出。读书依然有改变命运的力量。当然，这种力量的显露需要机会，有的人也许得不到这个机会，但不读书意味着机会来了，你都无力把握。

当然，一个人除了要读书，还要"走路"。表面看起来，读书与走路是不太相干的两件事情。但是，把二者放在一起，就有一定的现实意义，也充满辩证法。知识是一片广阔的海洋，没有人能胸怀所有知识，同样，万事万物之理也是随手可拾，但是，却没有一个人能参透所有的真理。正如天下人走天下路，但是却没有一个人能走完所有的路。想想看，造物主赠送给我们每一个人的礼物都一样，是一张一次性的单程船票。握了这张票据，我们便踏上了几十上百年的人生之路。自古以来，在这条绵延的路上有人走得好，有人走得不好。但有一点是共同的，无论是谁，走出一步便少了一程。规则是残酷的。残酷的规则却在走得好的人那里游刃有余。陶渊明扶锄戴笠，耕读传家，步入了人生的至高境界。蒲松龄憎恶科举，寄情聊斋，以读书写书为乐，享誉后世。诗仙李白，浪迹江湖，吟出了书斋里抠不出来的千古佳句。徐霞客一生踯躅山野沟壑，走遍大江南北，他留下的就不仅仅是足迹，而是硕硕的丰功伟绩了。庄子有句名言："吾生有涯而学无涯"。就因为恪守这句话，聘他为相都不为所动，全身心都用来做学问。于是，作为物质的人，庄子入土为安走了已经两千多年；作为精神的人，汪洋恣肆、宏旨玄妙的庄子却一直长留人间。这样的例子几乎排满了人类的社会发展史。所以说，既然人寿有限，生也有涯，我们就该满打满算，细打细算，尽可能去享受到生命的全部内容，把一生的路走稳走好。这样，读书便和走路紧紧牵扯在了一起。

在春秋时代，楚国的俞伯牙，跟随名师成连学习弹琴。成连看他天分极高，便倾囊相授，经过了三年的苦学，伯牙的琴艺已经尽得了师父的真传了。可是弹起琴来，总觉得琴声中还缺少了点什么。伯牙为了这个瓶颈，感到非常的苦恼。他知道如果这一关冲得破，他便是一个杰出的妙手，否则，充其量只不过是一个乐"匠"而已呀。有一天成连跟他说道："伯牙啊！你所少的只是那么一点儿神韵啊！但这是一种境界，是无法言传的。我的师父方子春，住在东海的蓬莱岛上，他可以帮你，我们一起去请教他吧！"

于是师徒两人来到了海上的蓬莱岛，这时成连因为要去别处接方子春回来，便命伯牙在岛上等着。伯牙一个人在孤岛上，开始时只能在海边踱来踱去，焦急地等待着师父回来。但是慢慢地，在每天的日升月沉，潮起潮落之中，他沉静下来了。有一天，他觉得有满怀的心事，要和大海谈一谈。于是便抱着琴来到了海边，缓缓地拨动着琴弦。只听见琴声随着海风，或缓或急，海浪也随着琴声，或高或低，在和整个大自然的互动应和中，不知不觉地，所有的一切都消失了，只剩下如天籁般的乐声，时而激昂，时而低沉的充满在整个天地间。一曲终了的时候，这时他领悟到：原来整个大自然的造化，是这样充满了智慧啊！怎么样才是最美的，最好的，他就是那样的呈现。在冥冥中，到底是什么样的手，在推动着这一切呢？

这时的他弹起琴来，只觉得天人合一，悠游自在，而在岛上酝酿多时的乐曲《水仙操》，也谱成了，当他正忘我的弹奏着

《水仙操》时，只听见背后传来一阵爽朗的笑声，原来是师父成连回来了！成连笑吟吟地对他说："伯牙啊！这伟大的自然，已经开启了你的无边智慧，何需要子春太师再来画蛇添足呢！"这时伯牙才知道，原来这里根本就没有"太师父"这个人啊！

世上的书分两种：有字之书和无字之书。"读万卷书"，说的是读有字的书；"行万里路"其实说的也是读书，但读的是无字的书。前者也可以理解为理论，后者当然就可以理解为实践了。理论可以指导实践，但不能代替实践。既读有字之书，又读无字之书，坚持理论和实践相结合，就像鲁迅说的，从天下万事万物而学之，用自己的眼睛去读世间这部活书。到了这个分上，就又比常人不知高明了多少倍。古往今来，多少人想登上这个高峰，但能够绝顶的总是凤毛麟角。正是这些高明的非常之人，干出了非常之事，才把历史一程一程往前推动，代代相续，车轮滚滚。我们的老祖宗伏羲姬昌，把在黄河、洛河岸边走路的思考，凝练成《周易》。发明二进制的德国数学家莱布尼兹，就是从这里面看到了中国人早在数千年前就闪耀的二进制智慧。二进制意味着什么呢？意味着电脑的诞生。而电脑改变了现代人的整个生活进程。

世上所有的美好莫过于此：微风在后，阳光在前，好书在手，朋友在旁。学问就是路，脚下就有学问。

欲穷千里目，更上一层楼

人生总是向上的一个过程，从我们懂事开始，总会有一定的追求：一颗糖、一张奖状、一个很好的职位，一部好车，等等。因此，人生从来不是停滞不前的。古人云"求其上者得其中，求其中者得其下"，如果只是追求随遇而安，也许眼前的安逸也保不住。

"欲穷千里目，更上一层楼"，不仅是一个浅显的生活常识，也是一种积极向上的精神境界，更是一种豁达潇洒的人生态度。它告诉我们：在人生道路上，要站得高些，更高些，才能真正领悟到生命的精彩。如果甘于平庸，过着琐碎的生活，处在境界的底层，将会错过生命中很多优美的风景。

在《庄子·秋水》里记载着这样一位短视的河伯，秋天的雨水应时而来，众多大川、小溪的水都灌注到了黄河，径直流畅的水流加宽，两岸与河中沙洲只见，连牛马都分不清。于是河伯欣然自得、沾沾自喜，认为天下的壮美都聚集在自己身上。他顺着水流向东而去，来到北海边，面朝东望去，看不见水的尽头，于是河伯改变自己先前洋洋得意的脸色，抬头仰视着，叹息着说："俗语说，'听了上百条的道理，认为天下谁都不如自己'，说的就是我啊！"

这位河伯可以说是一位短视的神，但是，当他看到海洋的时候，能幡然省悟，认识到自己距离伟大和崇高的距离非常远。而有的人，永远是井底之蛙，跳不出自己的世界，自然谈不上让自己更上一层楼了。在明代有一位才子叫唐伯虎，他少年成名，在绘画方面表现出超常的天赋，他拜入当时的大画家沈周的门下学门绘画，因为天赋较高，加上刻苦，他的绘画功夫突飞猛进，因此也得到了老师的赞扬。但是，由此，他也产生了骄傲的情绪，因此不免有一些自得情绪，沈周看在眼中，记在心里，一次吃饭，沈周让唐伯虎去开窗户，唐伯虎发现自己手下的窗户竟是老师沈周的一幅画，唐伯虎非常惭愧，从此潜心学画。当然，最后他成了一位大画家。唐伯虎的问题不在于他是不是有天赋，是不是努力，而在于他的自满。因此，可以说是不知道天高地厚，当他明白了老师用心后，知道山外有山，学无止境的道理，能够潜心学画，也是非常难得的。比较起来，倒是现实生活中有不少人小富即安，洋洋自得，这类人除了逢人炫耀一番，实则是没有大出息的。

荀子在《劝学篇》里写道："吾尝跂而望矣，不如登高之博见也。登高而招，臂非加长也，而见者远；顺风而呼，声非加疾也，而闻者彰。"可见登高能给人以宽广的视野和开阔的胸襟，对于人全面而客观地去看待问题，无疑是一种极大的助益。为此，人类从来没有停止向顶峰的攀越。珠峰每年都有许多人去征服它，但这是可见的，现实中的山，而生活中却有许多高峰，等待每一个人去征服。

但是，要怎么样才能"更上一层楼"，马不停蹄地去征服下一个高峰呢？登高之路，虽然可能会有捷径，也许吧！到罗马的路很多，但绝对没有幻想这条路。任何成绩都离不开踏实地进取。正如古谚语中所说"书山有路勤为径，学海无涯苦作舟"，没有事前的积累和拼搏，大自然怎么会那么轻易地把美好景致相送呢？站在低处，虽不劳力而省心，却恐怕永远只能待在自己狭隘的世界里做着夜郎自大的迷梦，如同坐井观天的青蛙般可笑，从而错过世间的万千风景。而若我们心中能藏有一个"欲穷千里目"的追求，哪怕付出再艰辛的努力和代价，当不断地"更上一层楼"而达到巅峰的位置时，这种境界自是不足为井底之蛙们知道的。

有人认为，人生的登高需要登山队员一般的强健体魄。其实不尽然，只要有一颗足够坚强的内心和一个永远向上的信念，任何人都能达到自己能力的巅峰。

多少年来，无数贤达先驱，为了一个"登高望远"的理想，不断开拓不断奋进。可以说，整个世界都因为人类不断地进取而格外地饱含生机和活力。"会当凌绝顶，一览众山小"，景致或许能够用视野穷尽，但不断进取之路却是永无止境，这大概也是我们不断探寻登高之道的原因吧！

见一叶而知秋

我们不但要有高远的眼界，同时也要有见微知著，见一叶而知秋的能力，要能够从一草一木，一言一语，蛛丝马迹中观察到事情真相的能力。如果说眼界和心界能让你有一个大格局，那么从细节发现趋势的本领将使你具有完美的行动能力。人生有高远辽阔之境，也有细致深入的道。

道家在一部著作《淮南子·说山训》中说："以小见大，见一叶落而知岁将暮，睹瓶中之水而知之下之寒"，意思是说，看见一片落叶，应该知道秋天来了，冬天也不太远，看见一瓶冻结起来的水，就知道整个世界非常寒冷。商朝的末代皇帝纣生活非常奢侈，即位不久就让工匠给他磨一副象牙筷子，聪明的箕子看到后说："他既然磨了象牙筷子，他的生活必然腐化起来，因为象牙筷子必然不能配土器瓦罐，而要配犀角雕的碗和白玉磨的杯，有了玉杯，其中必然不能盛菜汤豆羹，而要山珍海味才相配，吃着山珍海味，自然也不会穿布衣葛服，而要穿锦绣的衣服，而穿锦绣的衣服，必然不会住茅屋陋室，而要住高楼大厦，乘华贵的车子，这样商的物品就不能满足他，他必然会对其他国家进行征伐"。正如箕子所料，纣王很快建起了酒肉池林，穷奢极侈，很快就亡国了。箕子能从纣王使用象牙筷子的苗头，推断出纣王必定亡国的命运，可以说是见微知著的范例。这样的例子也还有很多。

一般来说，大的现象和变化人们容易发现，而对于小的现象和变化却容易忽视，也许这正是我们需要格外关注的。《唯南子·兵略训》中提到："下自介鳞，上及羽毛，条修叶贯，成物百笔，由本至末，莫不有序"，就是说，世间万物都有其联系，只有既注重大的方面，又注意小的方面，才能使自己立于不败之地。

要做到"见一叶而知秋"，就要寻找到埋藏于冰山下的真相，通过一些蛛丝马迹，发现事物的本质。因此，我们必须具备超常的洞察能力以及逻辑分析能力。有了超常的洞察能力，我们就能在异彩纷呈的大千世界中，吸收各种资讯，不放过任何细微之处，因为这些细微之处，往往反映着事物本质的一面。再则，我们还必须有强大的逻辑推断能力，在获得大量信息的基础上能够去伪存真，由此及彼，由表及里，由明及暗的信理，把握事物的实质。

聪明人见一叶可以知秋，愚钝者往往是因一叶而障目，其中的根本区别就在于人们对细节的观察是否敏锐、是否具有从微小事物中把握大局的统御能力。小问题可能会带来大祸患，小变化可能引起大事件，千万不要随意忽略身边小事。

做一个眼光"毒辣"的人

俗话说:"画龙画虎难画骨,知人知面不知心",做一个眼光毒辣的人,知人识人,不论在商场、职场还是生活中都会让你如鱼得水。做人有三碗面最难吃:人面、场面、情面,而这三碗面中,最最难学会看人读懂人心。

人可能是最复杂的动物,人的情感也是最丰富的。人不但是情感的动物,同时也是有思维能力的动物。人的思维之复杂可能超过任何一项工程,这就决定了人的心里世界复杂化,你可以随意地走近一个人,去接触他、了解他、与其交流、沟通,但你很难走进一个人的心里,一个人的内心世界是很难真正让他人了解的,换句话说,认识一个人容易,真正了解一个人却是很难。况且,很多时候,别人并不是赤条条地躺在手术台上等你解剖。人是会善于伪装的,尽管这种伪装一时很难看清,但只要你用心去看,用心去读,总有一天你还是能看清的。

识人是一种非常超凡的能力,是累积下来的经验。与人交往,要学会看人,不可以什么人都接触,不可以什么人都交往,也不可什么人都信任。比如,以诸葛亮的智慧,尚且任命书呆子马谡去守街亭,导致无法挽回的失败,最后不得不上演一出险而又险的空城计。后人很多时候在歌颂诸葛亮上演空城计的胆识,却忽视了他用人方面的缺陷,关于识人,刘备可以说是比诸葛亮稍强几分的,对于马谡,刘备早就说过他不堪大用,而诸葛亮并没有听进去。

关于识人,一般来说,首先可以从一个人的外表看出一些端倪。常言道:"人不可貌相",这话虽有道理,但不绝对,实际上大多数人是可以貌相的。当然，"人可以貌相"不仅仅指其长相，而是融合了眼神、穿着、饰品、神情、举止，等等。从一个人的貌相中，多多少少知道这个人的点点滴滴。从外貌特征看人识人，通过眼睛可以透视人的心灵，通过神情可以得知人的喜怒哀乐，通过妆容也可以了解一个人的内心世界。就穿着而言，服装是个性品位的流露，从着装风格可以识别人的心理，从衣着类型可以认识人的个性，服装的颜色可以透露出一个人的内心世界，就是一个人留的发型、戴的帽子以及脚上穿的鞋子也能透露一些个人信息……

　　除了貌相，一个人的谈话也很能反应他的内涵和思想。人与人之间的交流，实际上就是靠语言来进行的。语言即是人，从语速的快慢可以透视人的内心，从言谈的声调可以探知人心理，从声音的大小可以了解一个人内心的变化，由说话特点可以看出对方性格，不同的笑声展现不同的心灵风景……有的人所言真诚，有的人所言虚伪，这就需要你用心去听，只有用心听了，你才能辨别真伪，你才能明白说话人的用意用心。有的人喜欢说好听话，而那些好听的话大多都是当着你的面言说，至于背后会说你什么，你也许会知道一些，或许这辈子你永远都不知道。但有一点可以肯定，当面奉承你的人，对你是有目的的，至少有一个目的，那就是为了讨好你，让你高兴，而你因为高兴对其会产生好感，但这样的好感能持续多久，就无可知晓了。还有一点也可以肯定，在一对一的交流中能当面指出你不足的人是真诚的，当着众人说你不是的或许出自真诚，或许是想让你难堪，无论是因为什么，即使说不上真诚，至少也比私下里说你这个那个的要真一些。不管怎么样，要学会看人，就得把握住一个客观的立场，不被自己的好恶左右，否则就很难看清一个人。

　　另外，所谓言行，言和行是一体的。而一个人的举止却能反映其文化修养。因此我们还有一个观察人的途径，就是察看他的举止。初次见面，对方都会给你留下一个第一印象，在心里你也会对他大致有个评论分类。然而初次且短时的接触很难快速看透他人的内心。好在人也并非完全没有迹象可循，毕竟人不是生活在真空里，在人与人的经常性交往中，最直观的就是他们的姿态，姿势有时直接表现一个人的心理意图。人的行为举止，在日常生活里时刻都在表露着人的思想、情感以及对外界的反应，虽然它可能是自觉的，也可能是不自觉的。总之，姿态是一种无声的语言，相对于口语而言，它更多是无意识的，其真实性要比口语大得多。因此，擅于从行为观察人，往往能够得到真实的评价。

　　怎么看人，运用存乎一心，生活习惯、兴趣爱好、社交方式、职场表现等都可以作为看人的指标。

　　看人，不管你眼光怎么犀利，最终还是要用心去读，要学会换位思考，将心比心。每一个人的肢体语言和生活习惯，都透露着自己内心的秘密，只要你能从对方的动作、表情及不经意的话语，解读对方的心理，只要你能用心观察，即可破解身体语言，直视人心，你就能轻松地看透一个人的心。我们是完全可以把人心当作书一样拿在手上阅读的，我们也完全可以读懂人心，进而能够用一种热情和自信的态度去面对芸芸众生。

小处着手，大处着眼

　　人生没有那么多大事要做，一般情况下，我们做的都是一些小事。而我们的生活是否美满往往也取决于这些小小的事情。但是，也有一些人空怀大志，做大事的时候能力不足，小事又不愿意做。丢不下自己所谓的架子。当然，还有一部分人是根本不重视生活中所谓的小事，或者根本认识不到每件大事都是从小处着手的。正如东汉一个叫陈蕃的少年，他独居一室而龌龊不堪。他父亲的朋友薛勤批评他，问他为何不打扫干净来迎接宾客。他回答说："大丈夫处世，当扫除天下，安事一屋？"薛勤当即反驳道："一屋不扫，何以扫天下？"

　　古人说"不积跬步，无以到千里"，做好每一件简单的事本身就是极不简单的事情，做好每一件平凡的事就是极不平凡的事情。世界上没有一件小事小到可以随意抛弃。没有任何一个细节，细到应该被忽略。同样是做小事，不同的人会有不同的体会和成就。不屑于做小事的人做起事来十分消极，不过是在工作中混时间；而积极的人则会安心工作，把做小事作为锻炼自己、深入了解公司情况、加强公司业务知识、熟悉工作内容的机会，利用小事去多方面体会，增强自己的判断能力和思考能力。

　　不齿于做小事的人绝大多数是初入职场的年轻人，但是每一个年轻人都必须是从小事做起的。不管在哪个领域、哪个公司、哪一种工作，都会经历一段或长或短的做小事的磨炼期。在那这些日子，他们做的就是一些跑腿打杂的事情。他们不受重视，常挨批评，待遇也低。对于这些初入社会的学子，可能一切都显得那么不公。但是，任何人都是从这里做起的，坚持下来的人，或大或小都会有一点成就，而动辄辞职换岗的人，一辈子都在换岗，一辈子都在做新人，都在受人指使。所以，与其浑浑噩噩地浪费时间，不如从你经手的每一件琐事、每一件小事中得到成长。

要知道大事是由众多的小事积累而成的，干不好小事就成不了大事。从小事开始，逐渐锻炼意志，增长智慧，日后才能做大事，而总是自视甚高，放不下身段，丢不下面子，那是永远干不成大事的。

同样，每一件小事其实也是大事，关键是你把它摆在什么地方。如果一根头发不小心放在某件精密仪器之中，也会影响到这台机器的正常运行，从而影响整个实验的失败。一丝毫发，在这个地方也会引发一件非常大的事情，问题是你怎么看待它。

欲成大事，先从小事做起。但是，我们也要从大处着眼。曾经有一位长者这样教导年轻人做事。他说"人的时间是有限的，所以要在正确的时间，用正确的方法，做正确的事"，这句话就是从大处着眼来观察事物，并解决事务的。所谓大处着眼，是指从大的方面观察、思考问题，抓住主要矛盾。如果在小事情上钻得过深而无法自拔，就会失去方向，做事情也会事半功倍，甚至南辕北辙。即便细节做得再完美，如果方向错了，一切就会变得枉然。最简单的例子，比如你很擅长做皮衣，但是却把他们向非洲最热的一些地方销售，即便你的产品质量再好，你的价格再便宜，你推销得再努力，效果也有限的。所以，做事情还要有宏观的眼光。

做事有大局观，才会有计划。从大处着眼，可以帮助自己有条不紊地处理应该处理的事情而不会手忙脚乱。做事盲目的人，将无法很好地料理自己的生活，也无法很好地进行学习和工作。在走向成功的道路上，做事没有方向，没有条理、没有计划的人将会比其他人走得更辛苦。

所以，我们要用一对辩证的方法来完成我们的每一件事情。从小处着手，从现在做起，把细节做好，我们才能做得更加精准和成功。从大处着眼，我们才能够准确地把握自己的方向，把做事的目的和结果很好地结合起来，做事情才能更加顺畅，才可能达到成功的彼岸。

"大处着眼，小处着手"，说明凡事都应该预定目标，且必须把目标分化到小事中去，为了达成目标做好每一件小事，做好了每件小事，大事自然就成功了。家事、国事、天下事，都离不开这个道理。

勿执着于"完美"

有这么一则笑话：一个男人来到一家婚姻介绍所，进了大门后，迎面又见两扇小门，一扇写着：美丽的，另一扇写着：不太美丽的。男人推开"美丽"的门，迎面又是两扇门。一扇写着"年轻"的，另一扇写着"不太年轻"的。男人推开"年轻"的门——这样一路走下去，男人先后推开九道门，当他来到最后一道门时，门上写着一行字：您追求得过于完美了，到天上去找吧。这则笑话说明：真正十全十美的人是找不到的，我们不要过分追求完美。

美是所有人共同追求的，而追求完美，也是人类自身在渐渐成长过程中的一种心理特点或者说一种天性。应该说，这没有什么不好。人类正是在这种追求中，不断完善着自己，使得自身脱去了以树叶遮盖的衣服，变得越来越漂亮，成为这个世界万物之精灵。如果人只满足于现状，而失去了这种追求，那么人大概现在还只能在森林中爬行。我们对事物总要求尽善尽美，愿意付出很大的精力去把它做到天衣无缝的地步。可见，追求完美并不是件坏事，对于某些人和职业甚至还是很必要的，比如音乐、美术、服装设计等。

但时间长了以后，就自然会形成这样一种情景：如果一件事情没有做到自己满意的地步，那么必定是吃不好，也睡不好，总觉得心里有个疙瘩，很不舒服。什么事情都会有个度，就像水到了100℃就会沸腾，低于0℃就会结冰一样，追求完美超过了一定的度，就会变得不完美。

很多人在现实生活就过于苛求，凡事都要求做得十全十美，至善至美。女生要求相亲对象要有房有车，任劳任怨，像灰太狼一样专一而宠爱老婆，所谓高富帅是也，而男生要求相亲对象又漂亮，又温柔，家庭背景又好，所谓白富美是也。正如没有十全十美的男女，世界根本不存在十全十美的东西。所以，这些人到最后得到的经常是失望。

曾经有这么一位老太太，她大儿子是买伞的，而二儿子是卖冰棍的。所以，如果是晴天，她就开始替大儿子担心，认为雨天会给他带来不好的生意，因为晴天买伞的人就没那么多。但是，当雨天的时候，他又替二儿子担心了，因为下雨天，吃冰棍的人就会明显减少。她就这样愁来愁去的，每天都不开心。结果别人劝她说："你怎么不把事情往好处想呢？雨天的时候，你大儿子的雨伞就能卖出去，而晴天的时候，你二儿子的冰棍生意就会好起来"，老太太一想有道理，从此不再焦虑了。旱逢甘露，是不是美？但是，对于行进在原野上的跋涉者来说，道路从此变得泥泞，就不是美；顿顿有鸡鸭，是不是美？但是，对于营养过剩者来说，也许富贵病已经不远，这也不是美。

如果心态放宽，就知道黑点只不过是白璧微瑕，正是其浑然天成不着痕迹的可贵之处，如同"清水出芙蓉，天然去雕饰"。断臂维纳斯是非常美丽的雕塑，但是很少有雕塑家敢于替她把手臂接上，因为那样很可能画蛇添足，反而不美了。美在自然，美在朴实，美得真切。而人们想得到美的极致，在他消除了所谓的不足时，美也消失在他追求过于完美的过程中了，美真正的价值往往不在于它的完整，而在于那一点点的残缺——如同丧失双臂的维纳斯，给人无限遐思。

于人，于己都不宜过于苛求。否则，最终会让自己成为孤独的人，生活在孤寂和焦灼之中。生活的目的在于发现美、创造美、享受美，而不善于发掘它的闪光点和长处，就难以找到真正的美。

正视放弃，拒绝完美，才令我们完整。春天非常美，万物复苏，但是蛇虫蚊子也开始活动，流性行病毒开始肆虐。夏天的时候，满街都是美丽的风景，但是，炎热的夏天同样令我们非常难受。秋天是收获的季节，天高气爽，但是草木却开始萧疏，最后留下一片枯黄。冬季一片雪白，纯净，但也给我们的生活带来许多困难。

上帝造物不完美，四季也有自己的缺陷，其实，人生是没有完美可言的，完美只是在理想中存在，人生不如意事十常八九，生活中处处都有遗憾，这才是真实的人生。因而人不能苦闷于对完美的追求之中，这样可能会留给我们更多的遗憾。其实，人生太多的遗憾是由于人们过分地追求完美造成的。

凡事，我们当然应该努力做到最好，但要明白，我们永远无法做到完美。我们面对的情况如此复杂，以致没有人会从不犯错。不要试图做个完美的人，这样的人根本不存在。也不要试图做十全十美的事，和喜欢十全十美的人。因为这一切都是徒劳无益的，甚至是有害的。

第三章　审视自己，贵在自知

　　我们究竟对自己知道多少呢？许多人穷其一生也不能找到圆满的答案，就像漂在湖上的枯木，有影，有形，却没有根。

　　要学会审视自己，把自己放在旁观者的角度，打量自己，校正自己，反思自己。人们常说：做人应明如镜，清似水。多照照镜子，才能扬长避短，才能在生活中、工作中做到有的放矢。

没什么好自卑的

也许是各种各样的遭遇使我们容易得出一个悲观的结论"人生来就是失败的",但是佛家认为,每一个人都有佛性,都可以修炼成佛,人人都是未来佛。也就是说,每个人都是平等的,都可以通过自己的努力获得成功。

做人切勿妄自菲薄,要相信自己。相对于自负来说,自卑更加不可取。自负者固然容易失败,但毕竟还有希望,而自卑者往往根本不敢尝试,所以连希望也没有。所以审视自己,给自己一个正确的定位很重要。有些动物园在看管大象的时候,往往只是围了一些矮矮的木桩,用一根细链子拴着。没有人怀疑大象的力气,它可以轻而易举地挣断链子,踩过木桩而逃之夭夭。但是大象却会怀疑自己。它被囚禁起来的时候还很小很小,当时就用这小木桩、矮棚圈着它,它当时很想挣断链子跑出去,可是由于力气小,每次都失败了,于是就失去了挣脱链子的信心。尽管它一天天长大,但不知道现在自己有很大的力量,用力挣一下,就能逃出来。它不敢这样想,当然也就不会这样去做,因而只好永远被锁在这里,老死在这里了。

如果意识不到自己成功的潜质,就会产生自卑的情绪。自卑是一种消极的自我评价或自我意识。一个自卑的人往往过低评价自己的形象、能力和品质,总是拿自己的弱点和别人的强处比,觉得自己事事不如人,在人前自惭形秽,从而丧失自信,悲观失望,不思进取,甚至沉沦。自卑是一种很危险的情绪。它是由"我不行情结"产生的一种心理障碍,自卑并不是自己能力真的不行,而是因为缺乏自信,自认为"我不行"而产生的一种错觉。就是说，自卑都是自己虚构出来的一个假东西。别看自卑只是一种心理障碍，但它却真害人，自卑是假的，但它造成的危害却是真的，自卑的危害无穷无尽，不胜枚举，总结起来，最起码有三大害处。

第一，自卑可能降低一个人能力，使他相信自己真的不行，认定自己天生就是一个失败者，是落伍的和被淘汰的对象，由此丧失良机。因为能力与自信是相互依存的，有自信就有能力，没自信就没能力，提高自信，就能提高能力，降低自信就降低能力，有多大的自信就有多大的能力，自信下降到零，能力也就下降到零，自信提高到无限，能力也就提高到无限，没有自信，终生一事无成，信心百倍，就能创造意想不到的奇迹。

第二，自卑使一个人消极颓废。自卑感能让人降低能力，丧失斗志，逃避现实。逃避的目的本是为了消除自卑，但由于方法的错误，越逃避越自卑，越自卑越逃避，越来越消极颓废，悲观失望，绝望孤独，连自理生活的能力都没有，甚至连吃饭、穿衣、起床的能力都没有。对生活没有一点兴趣，活着简直就是在受罪，最终选择自杀，来个彻底的逃避。自卑感能产生压抑、抑郁、情绪低落、悲观厌世的错觉，这些错觉会以情感的方式表现出来，让人产生极度的痛苦。一般人都不太能意识到情感因素的痛苦，觉得情感因素什么也没有，能有多痛苦，其实情感的痛苦是最痛苦的，过度自卑，情志压抑的人最后都能自杀。试想一想，谁不知生命的宝贵，哪个人想死不想活？谁要是和自卑结下了不解之缘，等待他的就只有死路一条。

第三，自卑还可能对身体造成实质的危害。自卑可使人的反应能力下降，导致内分泌失调，产生各种心身疾病。中医把自信称为"勇"，自卑称为"怯"，《素问·经脉别论》云："持重夜行则喘出于肾，淫气病肺。有所堕恐，喘出于肝，淫气害脾。有所惊恐，喘出于肺，淫气伤心。渡水跌仆，喘出于肾与骨。当是之时，勇者气行则已，怯者则着而为病也"。就是说，无论外感因素，还是情志因素，都能伤人脏腑，但面临致病因素时，"勇者"气血能够运行畅通，病则消除，"怯者"则气机郁滞，病邪留着而不去，就会产生病变。

所以，自卑是一种非常负面的心态。要根除一个人的自卑心，首先就要尽量少用消极用语。如"我就是这样""我天生如此""我不行""我没希望""我会失败"等。如果你总是把这些消极用语挂在嘴边，就只能使你更加自卑。把这些句子改成"我以前曾经是这样""我一定要做出改变""我能行""我可以试试""这次会成功的"等等。另外，也可以在另一方面弥补自己的缺点。因为每个人都有多方面的才能，社会的需要和分工更是多种多样的。一个人这方面有缺陷，可以从另一方面谋求发展。只要有了积极心态，就可以扬长避短，把自己的某种缺陷转化为自强不息的推动力量，也许你的缺陷不但不会成为你的障碍，反而会激励你前进。

永远相信，你没什么好自卑的。只有自信的人才能逆风飞扬，活出精彩的人生。如果你的眼里只有悲伤，那么这个世界就是黑白的。你愿意永远活在这样的一世界当中吗？

习惯站在聚光灯下

谦虚是一种美德，这毫无问题，但是我们不能不分场合，不分事务的谦虚。尤其是在这个千帆竞渡的年代。需要你秀出群伦的时候，你一定要敢于站在聚光灯下，接受他人的掌声和鲜花。

有的人喜欢将谦虚低调和勇于挑战、敢于出头对立起来，这样的看法很没有道理。谦虚低调指的是待人接物，学会尊重他人。而面对困难，面对挑战的时候，当人们需要你的时候是绝不能一味谦虚的，因为这种谦虚只为你获得"缩头乌龟"的美誉。也会被人认为是善于推卸责任，没有担当。其实，从古到今，我们都提倡一种敢为天下先的勇气，因此，也有毛遂自荐这样的美谈。所以，在适当的时候，就应该敢于展现自己，让更多的人来了解你。而不是一味低调和谦虚。

试想，埋头苦干的老黄牛如果不能表现它的忍辱负重的耐力和勤劳致富的事实，不能表现它的与众不同的毅力，它怎么能得到别人的赞美与肯定呢？

蜜蜂是勤劳可爱的，因为它表现出来的是整日忙于采集花粉酿造花蜜！

云南的蝴蝶泉闻名天下，因为它曾经有数不胜数的蝴蝶在那里展现它们的美丽！

如果雄孔雀不展现自己美丽如屏的彩羽，雌孔雀又怎么会对它钟爱有加呢？

三百六十行，行行都需要表现自己。因为只有表现，才会得到理解，也只有表现，才能充分展现自己的价值。

古话说"世有伯乐，然后有千里马"，一匹千里马如果能遇到伯乐当然十分幸运。但"千里马常有，而伯乐不常有"，这就告诉我们应该善于展现自己。

　　表现虽然无法主宰你的人生，却可以充实你的人生。"机会垂青于有准备的人"，同时，机会也垂青于善于表现自己的人。如果你善于表现自己，你可能会不成功；但如果你连表现自己的勇气都没有，你就不可能会成功！

　　在现实生活中，有一些人对表现欲存有偏见，以为那是"出风头"，是不稳重、不成熟。所以，不喜欢在大庭广众面前表现自己，仅满足于埋头苦干，默默无闻。也有一些很有才华、见解的人，缺乏当众展示自己的勇气，遇事紧张胆怯，每每退避三舍。这样一来，他们不但失掉了很多机会，而且给人留下了平庸无能、无所作为的印象，自然得不到好评和重用。这些现象从反面告诉我们，表现欲不足无疑是一种缺憾，积极的表现欲应该成为现代人必备的心理。显然，对于青年人来说，自觉纠正认识上的偏见，懂得它的作用和价值，并努力增强自己的表现欲是十分必要的。

　　首先，积极的表现欲是增长自己才干的加速器。一般说来，表现欲旺盛的人参与意识和竞争观念都比较强，他们能以积极的心态看待自己，把当众表现当成乐趣和机会，主动地寻找表现的场合，甚至敢与强手公开竞争。所以，他们就比一般人多了参与实践的机会。比如，在会议上发言，表现欲强的人常常主动发言，谈自己的见解。这些见解也许不成熟、不正确，但是他们敢说出来与各种意见相比较，如此不断实践，他们的思想水平和口才就会得到锻炼，得到长足的提高。

　　其次，掌声和聚光灯是事业的一股强劲动力。一个有才干的人能不能得到重用，很大程度上取决于他能否在适当场合展示自己的本领，让他人认识。如果你身怀绝技，但藏而不露，他人就无法了解，到头来也只能空怀壮志，怀才不遇了。而有积极表现欲的人总是不甘寂寞，喜欢在人生舞台上唱主角，寻找机会表现自己，让更多的人认识自己，让伯乐选择自己，使自己的才干得到充分发挥。从一定意义上说，积极的表现欲是推销自己的前提。

其三，积极的表现欲是赢得机遇的好帮手。表现欲强的人通常交际面广，认识人多，信息灵通，自然他们的机会就会多些。当然，表现欲有积极与消极之分。两者的界限就在于自我表现的动机和分寸的把握。如果一个人单纯为了显示自己，压倒别人，争个人的风头，甚至做小动作，贬低别人，突出自己，这种表现欲就失之于狭隘自私，易于令人生厌，使自己成为众矢之的，那就没有什么积极意义可言了。

因此，一个人如果有所图，也想有所为，那么请放下一些迂腐的看法，勇于展现自己，让自己站在聚光灯下，成为人们眼中心中的焦点。总有一天，你会发现，正是这种勇敢成就了自己。

找到自己的丛林

有一句古话叫"龙游浅水遭虾戏，虎落平阳被犬欺"，龙，上于九天，下于九渊，腾云拨雾是何得逍遥自在，但是如果它到浅水游泳，那么毫无疑问，游泳这件事，一只虾子会比它做得游刃有余得多。而一只猛虎，就算是深林中纵横驰骋，让百兽震惧，但是当他离开自己的森林，来到一个小村庄，很可能就被一群家犬追赶，仓皇而逃。

所以，在一片不属于自己的领地里，没有人承认龙是神，也没有人相信虎是王。你究竟是什么？首先弄明白这个问题很重要，如果你是一只鹰，那么待在鸡舍里不仅仅是一种委屈，那样对你一点好处也没有，因为久而久之，你就会认为自己不是一只鹰，而是一只小鸡小鸭什么的。一棵无名的草在生机勃勃的春天找到了自己的位置，一朵美丽娇小的荷花在百花争艳的夏天找到了自己的位置，一粒饱满的稻谷在硕果累累的秋天找到了自己的位置，一片轻盈的雪花在银装素裹的冬天找到了自己的位置。每一个人，生来都有一个使命，那就是找到自己的位置。还飞龙一个大海，苍鹰一片天空，还猛虎一片丛林。

对于一个人来说，每个人都有自己的自然位置和社会位置。自然位置很简单，是一个包含时间和空间的四维坐标，即某个时刻你在空间的那个点（三维坐标）。为什么在地球的不同角落，每个民族都有自己的历法？这是为了确定自己在时间上的位置。为什么古人要观察日月星辰？这是为了确定自己在空间上的位置。我们为什么害怕黑暗，即使确信黑暗中不会有鬼神？这是因为在黑暗中我们找不着自己的位置。

而人的社会位置就复杂多了，不只是四维，而几乎是无穷维的。人一生下来，就已经有了位置。在家中是父亲母亲的儿子，是老大或者老二，也可能是老三；在整个宗族中，也有辈分位置。这样，我们就存在于一种几乎无穷维的关系中，因为他人的存在，我们才完整，而因为自己的存在，也构成了他们的位置关系。我们处在哪里？也许可以用上层、中层、草根来划分，也许可以用老板、员工、失业人员来划分，总之，不论你做什么事情，总会面临一个问题："我是谁"，然后根据这个问题，来选择属于自己身份的应对方式。

决定一个人位置的，除了人际关系之外，还有一些隐性的。如你的志向、你的兴趣、你的抱负、你的环境，等等，也决定着你的位置，只不过这些往往被你忽视了而已。

人生最失败的事情，莫过于始终找不到自己的位置。曾经在北方的一块农田里，一块古怪的牌子被一位耕地的老农拾了起来。这位老农不认识这块牌子，但是他有他的用法，把这块牌大拴在腰间，在必要的时候拿下来刮下铁犁上的泥土。直到有一天，有一位稍具常识的朋友告诉他，这块牌子可能是金的。他大喜过望，于是拿到一家金店鉴定，金店老板略懂收藏，但是不动声色地告诉他，这确实是金的，于是拿四万块钱买下了这块牌子。后来这位金店老板总觉得这块金牌不是凡物，于是拿去内蒙古的一家大学里找资深教授鉴定。教授也拿不准，但是同意用四百万买下这块牌子。最后，经过多家权威机构鉴定，这是一块成吉思汗调兵用的纯金令牌，价值过亿。

就是这样的一块国宝，在一位老农手里，它不过是一块刮泥的牌子，到一位金店老板手里，也不过是一件稍显奇怪的金器。而真正让他体现出价值的，是那些考古专家。其实人也是一样。如果找不到自己的位置，纵有李白杜甫之才，如果去给资本家做工，很可能连一线的工人也难做好。正如韩信没有找到自己位置之前，不过是项羽手下的一名低级军官。雄鹰自然应该在天空，如果困于笼中，与家鸡无异。猎豹应该在草原，如果放入森林，恐怕还竞争不过一只豺。

一般来说，位置是相对静的，而人是动的。尽管每个时刻人都处在某一个位置，但这个位置并不一定是最适合自己的。因此，最重要的两件事是确定目前自己的位置，然后寻找更合适的位置。这是因为，我们常常并不能马上就确定了自己的位置，比如刚一毕业，或者所学非所用，所用非所长，等等。但是，我们又不能眼高手低，一切还要从小事做起。但是在做的过程中，就应该对自己形成一个准确的评估，明白自己最适合的位置，然后去找到它。

人的位置是由低到高，而且循序渐进。每个位置上，应有每个位置的表现，不可逾越。比如，当你还是一个"小兵"的时候，就不要随意对着其他人发号施令，因为这会使你的人缘很差，甚至得罪一些不该得罪的人，给自己的前途造成障碍。所以，君子是不越位而行的。前些年，一位刚毕业的大学生，信心满满地进入一家民营企业。由于在学校从事过学生会等组织领导，在企业里，也往往喜欢用一番大道理给其他员工洗脑。在他看来，其他人都是碌碌无为，并不奋发上进之辈。应该予以教育。可是事实中，同事们用现实教育了他。公司领导对他进行了点名批评。然而，他依然不接受教训。有一次，他需要买几支铅笔，但是公司的车都派出去了，于是他委托公司的一位副总去买。副总在百忙之中为他买回一打铅笔，他问道："有没有询价呢?"，副总笑着说："这么一捆铅笔几个钱，还要我去询价，我哪有时间"，结果呢? 这位先生说："你办事总这么没规划吗? 真不知道这些年你在公司里怎么混上来的"。一个刚毕业的大学生，这样教导一位副总经理，谁能受得了呢。那位副总脾气还算好，并没有发作，但是隔两天，这位狂妄无知的年轻人就被辞退了。

所以，在其位，谋其政，不要干这位先生一样不着边的傻事。

另外，如果你现在的位置并不适合，但是理想的位置离自己挺远，那么首先要在目前的位置上积蓄力量，力量还不够就不能动，不要逞能。等到合适的时机出现，也积蓄了足够的力量，这时就应该果断地脱颖而出了。因为这个时候，你已经完成了准备，进退有据，即或前进，也不会有过失和灾难。当然不要超越自己的极限，因为盈难以持久，满则招损。应当遵循自然的法则，顺其自然而变通，不可争强好胜，刚柔相济才能安全吉祥。

人处的位置太高，往往他也就不高了。因为有下面，才有上面。如果你在很上很上的地方，已经脱离了"下"，已经没有对应，没有参照，你就无所谓"上"了。太高了就等于不高。高高在上，脱离民众，失去了辅佐，便会后悔。

所以，在自己的位置上，分寸感特别重要。你想想，人间为什么有分有寸有丈有公里有光年，还不够，还要有毫有厘。真正属于自己的位置，是那种不需要付出太多的勉强、不需要承受太多的压抑的地方，是那种可以实现自己的人生价值、可以实现自己的梦想的地方！人活一世，最大的失败是无梦，最大的幸运是灵魂里有梦的牵引。

人贵有自知之明

人贵有自知之明，但是往往事与愿违。我们常常不是把自己估计过高，就是对自己估计过低。估计过高者，比如关王爷，他总喜欢一顶高帽子。而估计过低者，不管他人怎么帮助提拔，无非是烂泥糊不上墙而已。

关于自知，孔子曾经问他的弟子子贡："你和颜回哪一个强？"子贡答道："我怎么敢和颜回相比？他能够以一知十；我听到一件事，只能知道两件事。"但是子贡也明白他的长处。子贡曾问他的老师孔子，他是什么样的人，孔子说子贡"器也"。子贡又问是什么样的器，孔子说瑚琏。这段对话，见诸《论语·公冶长篇第五》。瑚琏是古代祭祀时盛粮食用的器具，于是有学者说，孔子认为子贡有执政的才能。但是，子贡很能看到别人的长处，决不自视甚高。

所谓自知之明，绝不可妄自尊大，也绝不可妄自菲薄。由于生物遗传密码的千差万别，成就了每个人的优点特长和缺陷短处，后天教育与环境的差异更是造就了不同的志趣、性格和风采，其能力和长处也各不相同。其中既有迷人之处，又有遗憾之处。它可能是爽朗、是幽默、是仁慈、是热情、是勤快、是深沉。当这些"自我"能真实地表露出来时，其魅力一定最动人。因此，哲人说："诚实地向自己展开自己，这是人生一道优美的风景线。"

自知，就是要知道自己、了解自己。常言道："人贵有自知之明"，把人的自知称之为"贵"，可见人是多么不容易自知；把自知称之为"明"，又可见自知是一个人智慧的体现。人之不自知，正如"目不见睫"——人的眼睛可以看见百步以外的东西，却看不见自己的睫毛。

不自知的人，大部分都喜爱听好话、奉承话，在听到好话、奉承话的时候，便会信以为真，飘飘然，觉得自己好伟大，他没有考虑在这些话的背后，说这话的人的目的是什么。《战国策·齐策》中的邹忌就很有自知之明，没有被旁人的吹捧搞昏了头脑，他说："妾之美我者，畏我也；客之美我者，欲有求于我也。"这里，他把吹捧者的内心揭示无余，因此也就不会被"妾"和"客"所欺骗。

从前有一位捐来的县官，他文化不高，可是总爱做一些附庸风雅的事情，尤其喜欢画画。老爷好这一口，当下属的当然无时无刻不给这位老爷"打气"，总是颂扬他画得前无古人，后无来者。有一次，老爷画了一只虎，得意扬扬地把他的杰作让一位公差评赏。这位公差却不是那种阿谀奉承的人，但是当面又不好说老爷画不好。于是他说："老爷当然画得好，但是我却不敢评价"。

县官问："你怕什么？"

公差答："我怕老爷。"

老爷感到好笑，继续问道："那你说说老爷我怕什么？"

公差笑答："老爷怕夫人。"

老爷："夫人怕什么？"

公差："夫人怕风。"

老爷："风怕什么？"

公差："风怕墙。"

老爷："墙怕什么？"

公差："墙怕老鼠。"

老爷："老鼠怕什么？"

公差："怕老爷这张画。"

　　县官老爷大怒，却也不好发作。

　　像这位老爷一样没有自知之明的人多了去了，可是身边却不见得有这么一位可人的公差。更多的是被捧到云端，等到风吹云散，摔将下来，粉身碎骨而已。而另一种没有自知之明，就是自卑了。自卑和自大，同属于不自知，但是，或许自大总比自卑好一些。有的人就如一只鸟儿，终其一生也只能活在自己的笼子里，他以为那就是自己的森林，那就是全部的世界，它在笼子里高歌，歌唱我的世界多么的广阔明媚，我的后宫有麻雀乌鸦八哥还有鸵鸟，你们看！我的生活多么的惬意快活！对于这样的鸟儿，有一句简单的评价：他们上辈子都是跳不出那口井的蛤蟆。

　　要真正了解自己，做到自知，就必须换一个角度看自己。首先，要"察己"。客观地审视自己，跳出自我，观照自身，如同照镜子，不但看正面，也要看反面；不但要看到自身的亮点，更要觉察自身的瑕疵。包括对自己的学识能力、人格品质等进行自我评判，切忌孤芳自赏、妄自尊大。其次，要不断完善自我，有则改之，无则加勉。须知道天外有天，人外有人；尺有所短，寸有所长。

自甘平庸是一种罪过

大多数人都是平凡的，但是这并不等于平庸。因为平凡中孕育着伟大，平庸中却蕴含着悲哀。平庸的人就像长不高的树，虽然也与众多的树同在一片林中，却永远也无法撑起属于自己的那片天空。而平凡的人，即便不出众，他也诚实而认真地生活着，他拥有自己哪怕很小，但是真实的世界。

我们每个人，可能平凡，也可能平庸，正如奥斯特洛夫斯夫所说："人的一生可能燃烧，也可能腐朽"，平凡的人也在燃烧自己，而平庸的人却躲在自己的世界中慢慢凋谢。这或者是两者本质的不同。不过，如果查词典，平庸的释义大都是指一般而不突出。仅从字面上理解，好像与平凡没有多在差别，因而，有许多人，在遇到挫折之后，不是从哪里跌倒从哪里爬起来，而是口诵佛口，宣传回归平淡，用平平淡淡才是真为自己开脱。这类人就没有厘清平凡和平庸的区别。甚至佛家也说"不入红尘，焉能看破红尘"，既然如此，那么没有拼搏过，奋斗过，根本没有体会到红尘的真正滋味，又岂能看破，又从哪里看破呢？一位少年在一位中年人面前侃侃而谈，从淡泊而明志，谈到隐士，再谈到渔夫的故事。他说："一位功成名就的人最后还是会回到海边钓鱼，而渔夫一直就干这件事，所以，奋斗有什么意义呢？"中年人微笑的反驳他说："你觉得这两者一样吗？一个为了生活，一个为了情趣，同为钓鱼，个人境界有天壤之别"。实际上，即便这位渔夫也在认认真真地过着自己的生活，他会多认真的钓鱼，认真地拿到市场上卖掉，然后换回一些生活中必需品，以养活他的家庭。而做着清淡渔夫的乐趣，套一句古话，子非渔夫，焉知渔夫所想。

一个人自甘平庸时，多自伤身世，埋怨自己没有一个当官的爹，一旦小有成绩就知足不前。一个人自甘平庸时，总是以为自己回归了理性，成熟起来了。实则不过是掩盖了自己的惰性。一个人自甘平庸时，不再有任何斗志，一味抱着安全第一的思想，丧失了雄性的开拓和冒险精神。而把更多的精力和时间放在棋牌及声色犬马中。平庸的人乐于用老眼光看人，不知道世界的车轮轰轰，不等待任何一位乘客。平庸的人靠一切无聊的方式调剂自己的生活。

平庸是一种状态，也是一种心态。是一种生活方式，也是一种道德观念。想让理念之光闪现，就得摆脱平庸。摆脱平庸，首先要摆脱自卑。自卑的人总习惯于低头走路，自卑的人总习惯于在人后跟随。自卑会使人的意志衰退，自卑会使生命的花朵枯萎。

要摆脱平庸，必须选准目标与方向。没有目标，就没有动力，没有方向，就会虚掷青春。换句话说，你必须选准自己的路。切记：走别人的路，再快也在人后；走自己的路，再慢也在人前。

要摆脱平庸，更需要多几分自信。勇敢是勇敢者的通行证，悲观是悲观者的墓志铭。如果你自己都不相信自己，还有谁能给你动力？人生最大的敌人就是自己，人生最好的朋友也是自己，只有你才能打倒你，也只有你才能解救你。别指望别人，也不要蔑视自己，扬起生命的征帆，鼓起乘风破浪的勇气。

要摆脱平庸，还要学会思考。不思考的人是傻瓜，不思考的人冥顽不化，这类人是生活的奴隶，只会按部就班，照本宣科。

对于别人的平庸，尚可原谅。对于自己的平庸绝不可原谅。平庸者开始觉醒，他就不会继续平庸，平庸者平庸尚要装作高明，他将永远平庸。

　　要摆脱平庸，最重要的是不要为自己的平庸找任何理由。日月经天，从不解释自己的阴晴圆缺，江河行地，从不解释自己的去向。

　　摆脱平庸，走出人生与生命的低谷。长夜过后，迎接你的定是那灿烂的黎明。

第四章　有梦想的人格局大

在人生的路上走走停停，如果有一个方向，有一盏灯，那它的名字一定叫做梦想。

有时候，我们渐行渐远渐无言。有时候，却是蓦然回首，它在灯火阑珊处。当我们最终停下脚步回望过去，梦想原来就是贯穿生命的脉络。

超越自我是通往梦想的阶梯

　　一个人最大的敌人是谁？自己。古人说"胜人者力，自胜者强"，一个人只有战胜了自己，才能够征服对手，赢得世界。若以一个人的力量去战胜成千上万的敌人，当然是够勇猛的战将了，但是，战胜自己的人却更加强大。

　　人的一生，总是在与自然环境、社会环境、家庭环境做着适应及克服的努力。因此有人形容人生如战场，勇者胜而懦者败；从生到死的生命过程中，所遭遇的许多人、事、物，都是战斗的对象。其实，自己的心念，往往不受自己的指挥，那才是最顽强的敌人。

　　美国船王哈利曾对儿子小哈利说："等你到了23岁，我就将公司的财政大权交给你。"谁想，儿子23岁生日这天，老哈利却将儿子带进了赌场。老哈利给了小哈利2000美元，让小哈利熟悉牌桌上的伎俩，并告诉他，无论如何不能把钱输光。

　　小哈利连连点头，老哈利还是不放心，反复叮嘱儿子，一定要剩下500美元。小哈利拍着胸脯答应下来。然而，年轻的小哈利很快赌红了眼，把父亲的话忘了个一干二净，最终输得一分不剩。走出赌场，小哈利十分沮丧，说他本以为最后那两把能赚回来，那时他手上的牌正在开始好转，没想到却输得更惨。

　　老哈利说，你还要再进赌场，不过本钱我不能再给你，需要你自己去挣。小哈利用了一个月时间去打工，挣到了700美元。当他再次走进赌场，他给自己定下了规矩：只能输掉一半的钱，到了只剩一半时，他一定离开牌桌。

　　然而，小哈利又一次失败了。当他输掉一半的钱时，脚下就像被钉了钉子般无法动弹。他没能坚守住自己的原则，再次把钱全都压了上去，还是输个精光。老哈利则在一旁看着，一言不发。走出赌场，小哈利对父亲说，他再也不想进赌场了，因为他的性格只会让他把最后一分钱都输光，他注定是个输家。谁知老哈利却不以为然，他坚持要小哈利再进赌场。老哈利说，赌场是世界上博弈最激烈、最无情、最残酷的地方，人生亦如赌场，你怎么能不继续呢？

小哈利只好再去打短工。他第三次走进赌场，已是半年以后的事了。这一次，他的运气还是不佳，又是一场输局。但他吸取了以往的教训，冷静了许多，沉稳了许多。当钱输到一半时，他毅然决然地走出了赌场。虽然他还是输掉了一半，但在心里，他却有了一种赢的感觉，因为这一次，他战胜了自己。

老哈利看出了儿子的喜悦，他对儿子说："你以为你走进赌场，是为了赢谁？你是要先赢你自己！控制住你自己，你才能做天下真正的赢家。"

从此以后，小哈利每次走进赌场，都给自己制定一个界线，在输掉10%时，他一定会退出牌桌。再往后，熟悉了赌场的小哈利竟然开始赢了：他不但保住了本钱，而且还赢了几百美元。

这时，站在一旁的父亲警告他，现在应该马上离开赌桌。可头一次这么顺风顺水，小哈利哪儿舍得走？几把下来，他果然又赢了一些钱，眼看手上的钱就要翻倍——这可是他从没有遇到过的场面，小哈利无比兴奋。谁知，就在此时，形势急转直下，几个对手大大增加了赌注，只两把，小哈利又输得精光。

从天堂瞬间跌落地狱的小哈利惊出了一身冷汗，他这才想起父亲的忠告。如果当时他能听从父亲的话离开，他将会是一个赢家。可惜，他错过了赢的机会，又一次做了输家。

一年以后，老哈利再去赌场时，小哈利俨然已经成了一个像模像样的老手，输赢都控制在10%以内。不管输到10%，或者赢到10%，他都会坚决离场，即使在最顺的时候，他也不会纠缠。

老哈利激动不已，因为他知道，在这个世上，能在赢时退场的人，才是真正的赢家。老哈利毅然决定，将上百亿的公司财政大权交给小哈利。

听到这突然的任命，小哈利倍感吃惊："我还不懂公司业务呢。"老哈利却一脸轻松地说："业务不过是小事。世上多少人失败，不是因为不懂业务，而是控制不了自己的情绪和欲望。"

老哈利很清楚，能够控制情绪和欲望，往往意味着掌控了成功的主动权。

所以我们一定要学会战胜自己。当你的贪欲可能带给你不必要的损失时，你就应该尽力克制这种欲望；当你感觉自己开始懒惰，不愿自己的事自己做，你就应该好好地反省一下自己的行为，要战胜你心中的懒惰；当你遇上挫折时，不要放弃，也不必着急。古人云：车到山前必有路。找到失败的原因并吸取教训，总结经验，那你就战胜了挫折；当你的成绩或其他方面不如别人，你也别自卑，因为只要加倍地付出努力，你也能得到相应的回报，能证明自己并不比别人逊色。

贪婪、懒惰、自私、挫折、自满、平庸、自卑……这些都是战胜自己的前提条件，只要战胜了它们，你将有所成就，有所作为，你的前途将是光明的。

勇敢地舍弃自己是战胜自己，执着地坚持自己是战胜自己，何时舍弃、何时坚持才是最难以把握的，我们要做的就是不断地学习和实践，在学习和实践中，提高自己决策的能力和鉴别的能力，懂得何时应该毫不犹豫地舍弃自己、何时应该义无反顾地坚持自己，这需要我们付出一生的努力，也可以说，人的一生就是一个不断地舍弃自己与坚持自己的过程，是一个不断征服自己的过程，因为，只有战胜了自己，才有可能走向胜利。

梦想就是你的翅膀

据说，宇航员阿姆斯特朗小时候很调皮，在一个大雨的周末，他把自己弄得像个小泥猴一样。还吧嗒吧嗒地在一个高台上跳，一边跳还一边喊，妈妈你看我要跳到月球上去了。妈妈站在窗口淡淡地对儿子说了一句："好啊！但你别忘了从月球上回家吃晚饭。"也许这是东西方教育的典型差别，以至于多年后他从月球返回地球时在众多媒体镜头面前淡淡地说："妈妈，我从月球回来了，我要回家吃晚饭了。"

梦想是伟大的，而人因为梦想而伟大。可以说整个人类的进程都是通过梦想的轮子驱动的。而一个没有梦想的世界黑暗而可怕。第一个点燃火的人，肯定曾经梦想过将那些苍天降下的彩色魔球搬回家，由此他将多么荣耀。第一个在石头上刻下岩画的人，他必然着迷于他所看到的一切，野牛和猎人，等等。他梦想永远留下他们。当人类第一个建筑师行走于荒野时，他肯定梦想过，在风雪肆虐、野兽横行的世界上，有一个不同于冰凉洞穴的家有多么的好。由于时间的关系，我们现在无法拜访他们，但是正是由一个又一个伟大的梦想以及某个时候小小的创意的火花改写了人类的进程。人类渴望飞行，于是从远古就有人替自己绑上了翅膀，他们一次又一次的试飞，一次又一次的失败，多少人为此付出了生命的代价，然而终于有一天，当莱特兄弟的飞机翱翔于天空，俯瞰田野大地和森林的时候，一个梦想的爆炸开启了人类征服地心引力的脚步。

莱特兄弟正是拥有这样美丽的梦想，并且向着梦想不懈地努力，终于成功的制造出了第一架依靠自身动力进行载人飞行的飞机，即飞行者一号。这架航空史上著名的飞机，现在陈列在美国华盛顿航空航天博物馆内。莱特兄弟在真正意义上实现了人类翱翔于蓝天的梦想。所以他们也因此被后人称之为飞机之父。可以说莱特兄弟在实现他们梦想的同时，把世界向前推动了一大步。

每一个追梦的人都有着一份执着，因为他们有一个目标在心中闪亮。我们也紧握着自己的梦想期待着腾飞。而梦想的翅膀还需我们用心寻找，并借以飞向天空，到达那梦想光华的所在。

梦想是人生的指路标，梦想是成功的催化剂，梦想是每一个人所必须拥有、眷恋、执着坚信的目标，但是梦想就如同一颗小小的种子，只有深深根植在心灵的沃土上，用心灵的雨露滋润，才能结出心灵的果实。有时候个人的梦想对于世界即便造不成什么大的影响，但是梦想也足以像莱特兄弟的飞机一样，为人生插上翅膀。

梦想是一盏明灯，指引着人前进的方向。梦想是一种力量，有什么样的梦想就有什么样的人生。梦想不同，做人、做事的方式、态度也就不同，结果也就不同，这就是"梦想价值"。如果一个人失去了"梦想价值"他就没有了灵魂，他就是臧克家所说的"有的人活着却已经死了"的人。一个人，有了梦想才有其存在的价值，而失去了梦想也便失去了做人的最大的意义。

当我们经历过生活的种种后，已经过了粉红色浪漫期，梦想可能在慢慢褪去。这时，需要一种精神支撑——专注。要有勇气去坚持梦想，请你时刻回首自己的梦想，关键是专注并坚持自己的梦想。

随着社会的发展，人们的价值观正发生着天翻地覆的变化，那些纯真美好的梦想离我们越来越远。在残酷的现实中，我们只有让心中美丽的梦想一路陪伴、一路温暖，在前行的道路上才不会迷失方向，不害怕风雨来袭。

　　睁开双眼，用自信的眼光为自己打气；把梦想交给自己，替自己打造一副完美的羽翼，在梦想的天空自在翱翔，雄姿英发。我们是执着的追梦者，舒展稚嫩的翅膀无畏地搏击长空，追寻理想；我们也将是时代的骄子，用实现了梦想后的羡人辉煌犒劳那疲乏的双翼。

再穷不能穷梦想

这个世界上含着金钥匙出生的人毕竟是少数，而贫富无根，所以有一句俗话叫"穷不过三代，富不过三代"。一个人穷，固然有先天的因素，但是后天的努力却是最重要的。而决定你是否能创造属于自己的财富，最首要的就是有没有梦想。如果一个人连想都不敢想，又如何能做到呢。

在电影《喜剧之王》中，尹天仇醉心戏剧表演却始终不得志，但他依然不屈不挠地找寻机会，还在街坊福利会开设戏剧训练班。他有一句名言"我其实是一个演员"，初听这句话的时候，会觉得有一种阿Q式的滑稽，甚至会让人觉得他为人虚浮，没有一点脚踏实的样子，但是，通过不懈的努力，在遭到无数挫折、讥笑、排挤之后，他的努力终于得到回报，他成了一位大明星。尹天仇这样的人或许就是你，或许就是我，或许就是我们身边的某一个人。他们出身草根，身份卑微，却醉心于自己的梦想，直到某日鱼跃龙门，人们才发现原来当初那个傻傻的他是如此了不起。

穷人也应有理想，尽管"穷人"的大事多么寂静。但是，一个人，尤其是穷人，如果没有梦想，那么他的意志会很消沉，没有一点斗志，做什么事情都是随随便便的。那么他身上宿命的诅咒便会重现。没有理想的人永远也不会得到打开成功大门的钥匙，因为他没有自己的梦。但也不是有了梦想，所有的人都会成功，他们也要经过自己的艰苦奋斗后，才会成功。

人们总是嘲笑这么一个故事：一个穷人的老婆买回来一个鸡蛋，穷人说："如果用这个鸡蛋孵出一只鸡，鸡再生蛋，蛋再生鸡，再用一群鸡去换一只羊，大羊生小羊，羊再换牛，大牛生小牛，卖了牛买田盖房，再娶一个小老婆……"听得入神的老婆勃然大怒，操起鸡蛋往地下一摔，穷人的美梦顿时稀烂……这个故事说明什么呢？也许反过来想，如果一个穷人甚至没有把鸡蛋孵成鸡的想法，那又是何等的悲哀？

生命是最具张力和韧性的个体，一个人，只要他心中的激情不减，只要他永不言败，不轻易放弃自己的努力和追求，那么他就一定会有被机会垂青的那一天。因为梦想恰如源泉，在他的浇灌之下，生命的花朵一定会越开越艳。

在现实生活中，有这么一位少年。他家住在一个偏远的山村，那里到了90年代中期甚至都没有一条像样的公路。这是一个非常穷困的地方，唯一的小学在离村子十多里的镇上。但是这位少年的家庭在当地又算是非常贫穷的，据说他每次上学的时候都必须兼着一样农活——放牛。他就是这样，每天赶着牛走上十多里的路，清晨出发往学校去，到了学校把牛放在某片草地里，然后就去上课。他常常上着课就朝着窗外大声吆喝，因为没有人在，牛常常偷偷去吃农民的庄稼。

人们是这样形容这位少年的，在同龄人中他显得那么高大，但是却衣着粗陋，几乎是衣不蔽体。头发蓬松，脸很脏，经常流着长长的鼻涕，人们也因为他的鼻涕给了取了一个不怎么雅观的外号。但是，当人们带着鄙夷的眼神，侮辱的语言对待他的时候，他总是傻傻的一笑。从不还嘴，也不还手。于是，人们又一致认定他很傻。而这样的人，在农村比比皆是，犯不着有什么惊奇。

少年读到初中的时候，家里实在无法供他读书了，久病在床的父亲，单薄的母亲，以及年少的弟妹。让这位少年做出了一个艰难的决定，南下广州。

没有文化，人也不那么机灵的他唯一能干的活就是去建筑工地做小工，和砂浆，砌砖头，扛水泥，扎钢筋，等等。当他把第一笔工资省下来寄给家里的时候，他说"我妈在春节的时候都还哭呢"，妈妈的哭声一定包含了很多种感情因素。一个远在他乡年少的孩子，一个穷困的家庭，一次好不容易可以渡过的经济危机。

这位少年某一次上街买东西，看见有一些人在欺侮一个人。出于山里少年的质朴，他并没有问是非原因。毅然挺身去替那个被打得遍体鳞伤的人打抱不平，由于他身材魁梧，气力很大。很快就解决了问题。那位男人很感激地看着他，问他道："小伙子，有什么需要帮助的吗?"，他傻笑着说："没什么要帮助的"，那个男人还是不甘心问他："那你最想什么?"他质朴地回答道："我就想钱，我家里穷得很。"

男人是一家企业的老板，因为办事时偶然和人起了口舌之争，因而陷入困境。他很喜欢这个愣愣的小伙子。于是从一个工人开始培养他，不久后，他就升任车间的班组长，接着是车间主任，接着是厂长。当他还是厂长的时候，他去对他的老板说道："老板，我想单干"，老板虽然很不舍，但是也不想耽误这位年轻人的前程，于是分给他一些设备，介绍给他一些客户，并且送了他一笔启动资金。就这样，这位少年很快就建立了一个像模像样的电子厂。由此开始，他的企业逐渐增大，前些年成为了一家上市企业。当年加拿大一家DVD企业曾经控告他侵犯知识产权，他做出了赔偿。但是就在前年他收购了这家加拿大的公司。

这是一则真实的故事，一个农村少年的奋斗史。这位少年一无文化，二无资本，但凭着他敢想敢干的性格，成为一位知名的企业家。或许，梦想正是推动他前进的最大动力。

做人最重要的就是相信自己，每个人的头上都有一片天空，上帝从来不会辜负勇于做梦并勤于付出的人。

　　人生真的是梦做出来的，越是卓越的人越是梦想的产物。可以说，梦想越高，人生就越丰富，达成的成就越卓越。像有句苏格兰谚语说的："扯住穿金制长袍的人，或许可以得到一只金袖子。"那些志存高远的人，所取得的成功必定远远离开起点。即使你的目标没有完全实现，你为之付出的努力本身也会让你受益终身。一个具有崇高生活目的和思想目标的人，毫无疑问会比一个根本没有目标的人更有作为。

　　因此，困境中也要坚守梦想。越是身处困境越不能失去信心和希望，越应当将其化为努力奋斗的助推力！把客观存在的困难作为人生的新起点，用以编织绚丽多彩的梦想与未来，必将迎来一个精彩美丽的人生！

梦想不是云端的影子

　　大约人人都回答过一个问题，那就是"你长大了干什么？"这种问题最常在小学生的作文里出现，答案显然是五花八门的。翱翔蓝天的飞行员、火星探路的宇航员、闻名世界的歌唱家、改变世界的科学家、万众仰慕的体育明星、指挥若定的大将军、甚至不可一世的总统……这些答案听起来荒诞不经，但却没有一个人会嘲笑这样的理想。相反，成年人常常会鼓励和赞赏这样的理想。因为梦想或者空想的种子也就从这时开始植入了每个人的生命。

　　谁会嘲笑一个孩子对未来天马行空式的想象呢？每个人都知道一个初来乍到的生命怀有对生活、对世界、对明天的梦想。至于失败，在我们最初追逐梦想的年月里并不是特别的重要，因为尝试和体验本身比结果更加重要，所以我们才能学会行走、跳跃甚至骑单车。皆因梦想让我们在生命的最初就满怀热情和动力，敢于探索未知的领域，穷尽我们潜力的极限。因此，我们可以说只有那些不切实际的梦想和旺盛的好奇心能够带来无尽的创造能力，让我们获得对成功最初的体验，而这种天马行空的想象是如此美丽。

　　有人说：一个人如果在14岁时不是理想主义者，他一定庸俗得可怕；如果在40岁时仍是理想主义者，又未免幼稚得可笑。当我们渐渐长大，慢慢步入成人的思界，我们的思维不可避免的产生变化，而梦想也悄然以某种面目呈现出来。有一部分梦想能够被坚持了下来，并被投入持续的努力，成为我们人生的目标，或称其为理想；而另外一部分则经过无数的挫折、忙碌、时空的转变等等之后，被放弃了。当然，还有一部分梦想，虽然严重脱离现实，却依然被死死地抱持着，并最终沦为空想。

小张的家庭并不太富裕，大学毕业后也找了份普普通通的工作，但是他内心早已厌倦了穷日子。他做梦都想发财，腰缠万贯，名车豪宅。他也不止一次地幻想这一切。然而工作始终是平淡的，收入始终是微薄的。除了房租和吃饭，并没有剩下什么钱，因此小张感到万分沮丧。可是他却毫无办法，想象中的巨富和现实中的窘迫反差如此之大。因此，他认为靠替人打工过日子，最终成不了富翁，所以上班不久，他就辞职了。

可是真正辞职后，他才陷入了迷茫。一开始他也想创业，但是自己却几乎没有任何本金，而且创业还有很多困难，比如：招聘、场租、管理、销售渠道等。别说没有这么多本金，就算有，失败了怎么办？小张想想就害怕。后来他又想靠写作来获得财富，可是他的文笔实在一般，他又感觉发表一篇文章太难了，况且写那么长的小说自己也实在没有耐心。就这样日子一天一天过去，他也天天泡在网吧，每次从网吧回来他都会自责，又开始幻想风光无限的富翁生活，眼看手里的一点钱渐渐花光，他虽然焦躁，但却无可奈何，因此只得出去打零工，不停地换工作。同学们大多事业初成了，而他呢始终工资微薄，于是他又研究起了彩票，从始至终都没有认真去工作过，因此他的理想就变成了海市蜃楼，现实中他连房租都交不起了。

相对于理想，空想完全是毫无根据的美梦，它没有事实的基础，它没有行动的承载。一个整日空想的人，由于其过其实，思过于行，所以往往达不到欲求的目标，反过来却有可能对并不完美的现实心生憎恶，进而悲悯自己怀才不遇，遇人不淑，生不逢时。这样的自怨自艾只会瓦解我们的斗志和动机，最终在自顾自地怅惘中，让人生成为一场空谈。也因为空想者有许多的抱怨，所以他们对生活对自己往往是不愿意负责的。他们总在期待外在的改变，而很少思考自己的责任。由此，生命渐渐被托付给难以把握的环境和他人，人生怎么不会变得更加虚无而无所着落呢？他们从最开始的知道自己要什么，变成只知道自己不要什么，最终陷入空对空的怪圈中。所以有人说，时间给空想者痛苦，给创造者幸福。

关于空想，还有一个例子。在电影《不见不散》中，主人公刘元是一个生活十分洒脱的人。他做人做事都很随缘，因此，他喜欢的一个女子李清总认为他没有什么上进心，总是在混日子。一次，刘元跟李清谈话的时候又起了冲突，刘元于是在黑板上画了一个陡坡，然后指着那个陡坡说那就是喜马拉雅山脉。

他继续解释道：在我国的西部十分干旱，沙漠面积很广，为什么呢？因为来自印度洋的暖湿气流被喜马拉雅山脉给挡住了。这样就造成了湿热的水汽被挡在了山脉的南坡，造成印度广大地区洪涝成灾，而中国的西藏新疆却是极度缺水。如果把喜马拉雅山脉打开一个五十公里的口子，让暖湿气流通过，那么不但中国西部的干旱问题得以解决，而且印度的洪灾也会得到根治。

李清被他这样宏大的计划震撼了，愣在当地。刘元坏坏地一笑，说："你总说我没理想，这理想怎么样？"实质上，刘元是调侃李清整天把理想挂在嘴上，不顾生活的现实。因为正如他这个计划，理论是确实有可行性，但是如此浩大的工程，按目前的科技，怎么实现呢？

理想从来不是高高飘在云端的影子，也不是那种毫无根基的空中楼阁。拿破仑有一句话："不想当将军的士兵不是好士兵。"

这话本身没有问题，关键是要正确理解。拿破仑的意思是：当士兵也要有理想，追求上进，才能有出息。同样的道理，作为员工也要有理想、有抱负，要想到自己将来也可以当老板。但是，我们千万不要沉醉于空想之中，让那些遥远的空想干扰我们当下的工作。

梦是自己的

很久以前，有一本语文课本上这样自问自答："你长大了干什么？""我长大了为人民服务"。于是很多同学在写理想的时候不约而同地写上了"为人民服务"。为什么服务没错，可是太笼统，通过干什么为什么服务呢？没说，也没人知道。反正这是正确答案，学生都知道。当然，有一些不那么笨的学生就会写上："我长大了当医生""我长大了当解放军""我长大了当老师"等。其中一部分写"我长大了当老师"的学生，心里也存着讨老师喜欢的念头，至于他是不是真的想当老师，天知道。

据说，一位同学曾写过："我长大了要当老板"，这篇作文被老师拿到课堂上当堂宣读。很明显，这位老师一点褒扬的意思也没有，仅仅是宣读了这么一篇作文，而下面的同学哄堂大笑。怎么有这么俗的理想呢？有些人会这么想，而另一些人却有莫名的激动，毕竟不管怎么样，这也算是一句真话。

作为孩子，几乎没有几个人敢声张自己的愿望。害怕家长失望，老师失望，同学的讥笑，等等。人人都想成为好孩子，起码是别人眼里的好孩子。好孩子怎么能说离经叛道的话呢。于是老师的话，就是他们的话，妈妈的话就是他们的话。有几个孩子的理想是自己真正的理想呢？最多也就是在老师诱导下，孩子自己又不太排斥的理想，比如长大了当一名光荣的人民教师，一名为国站岗的士兵，等等。其实，在孩提时候，如果不是孩子自发怀上了一个什么样的梦，大可不必替他过早的操心。

渐渐长大了，升学的压力残酷地压在父母的肩上，更多的也是压大孩子的肩上。于是父母常常这样教导孩子"天子重英豪，文章教尔曹，万般皆下品，唯有读书高"。父母可以说是呕心沥血，把一切的希望都押在孩子的学习上。如果这时候有一个人说我想去做木匠，结果可想而知。直到高考，填志愿的时候。我们才有了自己一部分选择的权利。

大学毕业之后，正如一句话所说，大部分人所学非所用。当初为了成为工程师工选择理工大学的，也许做起了餐厅经理。当初为了成为作家而选择文学院的，也许成了精算师，总之，由于一种市场选择，而不是分配的体制，大多数人从事的工作都与当初的设想不一样。为此，有些理想被珍藏起来，而有的目标却需要调适。但是，马云曾经有一句话，说得深刻，"今天很残酷，明天更残酷，后天很美好，但是绝大多数人死在明天晚上，见不着后天的太阳"。马云把人生的奋斗过程用一句形象的比喻给讲了出来，归根结底一句话，人贵在坚持自己的梦想。但是实际的人生历程可远不止这么几天，在漫长的人生路上，坚持下来的人，永远都是人生的赢家。不管怎么样调整，最初的理想不能改变。

达尔文的父亲是一位著名的医生，他希望自己的儿子能继承自己的事业，也当一名医生，可是达尔文无心学医，进入医科大学后，他成天去收集动植物标本，父亲对他无可奈何，又把他送进神学院，希望他将来当一名牧师。然而，达尔文的兴趣也不在牧师上，达尔文有他自己的理想，他 9 岁的时候就对父亲说："我想世界上肯定还有许多未被人们发现的奥秘，我将来要周游世界，进行实地考察。"为此，达尔文一直在积极准备。为了有利于自己观察和收集动植物标本，达尔文抛弃了事务轻闲。经过五年的环游旅行，达尔文在动植物和地质等方面进行了大量的观察和采集，回国后又做了近二十年的实验，终于在 1859 年出版了震动当时学术界的《物种起源》一书。

所以说，我们应该坚持属于自己的理想。当我们能独立思考，能够明白自己真正希望得到什么的时候，就应该制定属于自己的计划，并执行它，坚持它，以百折不挠的精神。

很多时候，我们放弃自己的理想往往并不是因为现实状况的改变，却由于一些所谓社会意识的影响。比如，你曾立志做一名医生，但是长大后随着生活的变化。也许你会觉得公务员更适合你，当你如愿当上一名公务员的时候，却发现那些商人的生活更加风生水起，于是你下海经商，也许你成功了。但如果事情不那么顺利，也许你觉得做个作家不错。总之，每一种愿望都有诱惑，每一种职业都有其意义。但是，当你平淡下来的时候，是否真的欣喜于自己的这些变化呢？希特勒曾经表示过，他的真实理想其实是一名画家或者建筑师。如果后来不发生那么多事，如果当初那所艺术学院录取了他，我们可以认为世界会为之改写。而奸雄曹操的理想却是汉征西大将军曹侯这么一个封号，幸运的是他完全做到了，他之所以不夺位自立，也许正是因为如此吧。希特勒的悲剧在于中途抛弃了自己的理想，而去接受了当时很大一部分人的社会理想。曹操的幸运在于实现了自己的理想，甚至超越了当初的理想。他一直坚持的就是自己的理想。

理想是自己的！也只是自己的，只有自己的理想，才不会被时代的俗流所湮没，最终才会梦想成真。永远要记得，没人能为你的人生背书，也没人有为你的理想负责。他人的劝告只能作为一个参考，最终做决定的必须是自己。

第五章　谋划人生要趁早

水从雪山融化，一滴一滴，涓涓脉脉，但他知道他的方向是大海，他知道他要向下，百折不回，因为他对生命早有谋划。

如果把人生比作一局棋，那么，就要好好规划了。我们知道"一着失误，满盘皆输"，有时候"一失足成千古恨，再回首已是百年身"。替人生做好规划，避免盲目，避免重复，避免一个又一个陷阱。

一寸光阴要值一寸金

中国古人说"一寸光阴一寸金",而在外国的谚语里,时间就是金钱。列宁曾说过:"浪费别人的时间等于谋财害命,浪费自己的时间等于慢性自杀。"虽然科学家已经证明时间是一种维度,理论上时间是可以倒流的,但起码现在,时间正如从前的物理学家们说的,就像一条永不回头的河流。正因为这种不可重复性,所以时间对于我们来说就弥足珍贵。

古代人对皇帝总是三呼万岁,实际上能活上一百岁的人都凤毛麟角,即便能活一百岁,也就三万六千五百天。和宇宙的年龄相比,连短暂的电光火石都算不上。正因为时间过去了,就不会回来。多少人悔恨终生。"莫等闲,白了少年头,空悲切。"年少时期不思进取,虚度光阴,到老来只有"空悲切"的份了。时间的这种性质,使得我们不得不去珍惜每分每秒,珍惜时间就是珍惜生命。

如果一个人主宰了时间,那他几乎可以被称为上帝,因为时间可以创造一切。有了时间,我们可以建立起高楼大厦;有了时间,我们就会改善我们的生活。还有时间不能创造的吗?没有,有了时间我们甚至能去追求神圣的爱情。总之,时间就是一笔财富,一笔巨大的财富。

在古代有许多珍惜时间的例子,比如凿壁借光,比如囊萤映雪,等等。古人确实是珍惜时间的典范。一个人要想获得很大的成功,必须成为节约时间的能手。我们一定会去敬佩鲁迅。他们为什么会在短短的一生中创造出如此多的著作?据说他为了珍惜时间写好稿子,常常站着写稿子。他说:"时间就像海洋之中的水，只要挤，还是有的。"希望我们每一个人都能珍惜时间，去做生活的强者，而不要沦为时间的奴隶。

时间，这是一个多么极其普通的词呀！人们无时无刻地谈论着它，有人谈论它的飞逝，有人谈论它的价值，有人谈论怎样利用它，有人谈论怎样节省它。显然，有人懂得时间的意义，有人是对它不屑一顾。

时间，他是人们生命中一个匆匆的过客。人们往往在他逝去后才发觉，自己的时间已经所剩无几了。因此才有了古人一声叹息：少壮不努力，老大徒伤悲。生命中的时间是宝贵的，如果你细心那你一定会发现，每一个成功人士的背后一定都有一段珍惜时间的故事。赶快做，不让时间白白流走。懂得珍惜时间的人，便会知道失去时间的痛苦。一寸光阴一寸金，寸金难买寸光阴。

为了不让时间飞逝，就要做时间的主人，好好利用每一分每一秒，这就要求我们在利用时间的同时要合理安排，统筹计划。周总理就是个合理安排时间的典范，身处要职的他，每天需要处理全国上上下下、大大小小的事务，和常人一样，周总理一天也只有 24 小时，而他却要日理万机，把事情安排得妥妥当当，而我们又能做些什么呢？看几场电影或听几盘磁带或听几段笑话，把时间白白浪费，在同样的时间里所取得的收获，却有天壤之别。

事预则立，不预则废

现在率性的人很多，有的逢山开路，遇水搭桥，有的随遇而安，得过且过。这样的性情也没错。现在的生活节奏快，活着也累，确实需要放松自己，没必要事事苛求。但总体上来讲，人无远虑，必有近忧。要做的事情，总要有个计划，这其中重要的一个方面，就是打出提前量，多留些余地，要做到事事提前有准备。读过三国演义的人，一定还记得曹操败走华容道，不管他怎么选择，都会落入诸葛亮的算计，让曹操一度绝望到想自杀。而这些士兵是诸葛亮在赤壁之战开始之前就筹划好的。为什么说诸葛亮是一位伟大的军事家，因为事事都在他的掌握之中。

古训有"凡事预则立，不预则废"，意思就是告诫人们做任何事情都应该首先做好计划，提高预见性，这样才能成功。在你做事情之前，一定要做好准备，未雨绸缪，不要事到临头才不知所措。如同将军，一旦打没有准备没有把握的仗，失去的将是成千上万的生命。而你，如果没有准备，或许幸运的时候，你是微不足道的失败，而不幸运的时候，你失去的将是你的前途抑或是人生。凡事预于先，谋于前，做足准备，往往能占据主动，确保事情的成功。否则，事发突然，或计划赶不上变化，往往让人手忙脚乱、穷于应付，甚至连可以避免的失误都避免不了，处处陷于被动之中。

从前有一位农场主，在大西洋沿岸耕种一块土地。他总是不断地张贴雇用人手的广告，可还是很少有人愿意到他的农场工作。因为大西洋沿岸的风暴总是摧毁沿岸的建筑和庄稼。直到有一天，一个又矮又瘦的中年男人找到农场主应聘。

"你会是一个好帮手吗?"农场主问他。

"这么说吧,即使是飓风来了,我都可以睡着。"应征者得意地回答。

虽然这听上去有点狂妄,农场主心里也有点怀疑,但是农场主还是雇用了这个人,因为他太需要人手了。

新来的长工把农场打理得井井有条,每天从早忙到晚,农场主十分满意。

不久后的一天晚上,狂风大作。农场主跳下床,抓起一盏提灯,急急忙忙地跑到隔壁长工睡觉的地方,使劲摇晃睡梦中的长工,大叫道:"快起来!暴风雨就要来了!在它卷走一切之前把东西都拴好!"

长工在床上不紧不慢地翻了个身,梦呓一样地说:"不,先生。我告诉过你,当暴风雨来的时候,我能睡着的。"农场主被他的回答气坏了,真想当场就把他给解雇了。

他强压着火气,赶忙跑到外面,一个人为即将到来的暴风雨做准备。不过令他吃惊的是,他发现所有的干草堆都早已被盖上了防水布,牛在棚里,鸡在笼中,所有房间门窗紧闭,每件东西都被拴得结结实实,没有什么能被风吹走。农场主这时才明白长工的话是什么意思。

这个长工之所以能够睡得着,是因为他已经为农场平安度过风暴做足了准备。如果你在精神、心理、身体等方面做好了准备,那么就没有什么东西可以令你害怕了。

当风暴吹过你的生活的时候,你能睡得着吗?

要知道,机会总是留给有准备的人,而失败总是等待着毫无准备的人。公元前415年,雅典人准备攻击西西里岛,他们以为战争会给他们带来财富和权力,但是他们没有考虑到战争的危险性和西西里人抵抗战争的顽强性。由于求胜心切,战线拉得太长，他们的力量被分散了，再加上面对着所有联合起来的敌人，他们更难以应付了。雅典的远征导致了历史上最伟大的一个文明的覆亡。

一时的心血来潮引起了雅典人的灭顶之灾，胜利的果实的确诱人，但远方隐约浮现的灾难更加可怕。因此，不要只想着胜利，还要想着潜在的危险，有可能这种危险是致命的。不要因为一时的心血来潮而毁灭了自己。

许多人都被眼前的利益蒙蔽了双眼，而看不到远方的危险，他们的权力会在这个过程中丧失。所以，要学会高瞻远瞩，培养自己预见未来的能力。感觉经常会欺骗自己，那些自认为拥有预见未来能力的人，事实上只是屈服于欲望，沉湎于自己的想象而已。他们的目标往往不切实际，会随着周围状况的改变而改变。

凡事预则立，不仅仅是指时间上的一个提前量，另一方面，做事留余地，也是一种"预"，正如诸葛亮在华容道用关羽放走曹操，也正是为今后天下三分之势做准备。做人一定要有余地，知进退，不能把话说满，不能把事做绝。人的认知总有局限，不会永远正确，刚愎自用会坏事。说话办事，即使在最自信的时候，也要留有挽回的余地。多用商量的语气，多用探讨的态度，设想好最佳的结局和最坏的结果，做好应对的措施。这样做，大的方向不会有偏差，大的失误也能避免。

凡事预则立，不但有纵向的，也要有横向的。一件事情，既要想得超前一些，做得深入一些，又要懂得举一反三，触类旁通，看看别的事情能不能参照，能不能早做准备。曾经有几个一起工作的小伙子，交代让他们提供的资料，会准备得很详实，同时也会准备相关的信息；交办做一件事情，会提醒你注意或自己暗暗准备其他几个相关的案例。与这样的人共事，会感觉很踏实，也很愿意让他们得到赞赏和提升。

凡是有所准备，未雨绸缪对一个人事业和生活都具有相当重要的意义。真正的成功人士不打无准备之仗，也不打只有准备但无把握之仗。因此，一切作战行动预先必须有周密的计划，尽可能有充分的准备；同时，必须预计到最困难最复杂的情况，并把这种情况当作一切部署的出发点。有时，在无把握的情况下，宁可推迟作战时间也不能打没把握的仗。只有做好充分的准备，才能取得成功，准备是人生成功的保证。

把人生的目标细化

乍一看，珠穆朗玛峰是那样的雄伟高大，他的峰顶总是浮在云端，或者每一个面对它的人首先会感到自己的渺小，感慨大自然的壮丽。接下来，由于这种壮丽和高不可攀，很多人退却了。其实，任何一个大的目标都可以分成许多小的目标来实现，即使你不能一下子达到最高目标，你只要一步一步向前走，最终就能实现。就好比这座世界第一高峰，如果要征服它，只需要把它8848米的高度细分下来，每天攀登500米，这样就容易得多，只要坚持不懈，再高的山峰也能登临俯瞰。又比如一部小说动则几十万上百万字，阅读尚需要不少时间，而写作，当然是繁重无比的任务，但是如果你拟好的提纲，一千字，一万字的去写，终有杀青那一天。

人生的每一个目标都看来很有难度，但是它们的实现都是为下一个更大的目标做准备的。没有远大目标的人注定不能成功，但是有了远大的目标却不善于将其细分化，这样的人也很难获得成功。如果没有细化人生的目标的思想，凭着一时兴趣，三分钟热度，世间的事，大多都会半途而废。

我们知道，金字塔是一项庞大的工程，它的每块石头都成吨的重，于是我们常常诧异在生产力水平的低下，古人是怎么做到的呢？其实，金字塔如果拆开了，只不过是一堆散乱的石头，我们只要堆好每一块石头，那么高耸云端的世界奇迹就可能完成。我们的人生，如果细化下来，就是一些琐碎的日子，这些日子如果过得没有目标，就只是几段散乱的岁月。但如果把一种努力凝聚到每一日，去实现一个梦想，散乱的日子就集成了生命的永恒。如果将人生目标比作金字塔的话，那么到达终极目标的路程就是一个建造人生金字塔的艰难过程。

一个人如果有非常崇高的目标，一般我们说他志存高远，胸有宏图。但是，光有大的志向是没用的，很多人最后流于志大才疏，就是不知道泰山之高，也是一块一块泥土垒成的。愚公之所以敢于向太行王屋二山宣战，那是因为他知道无论这两座山如何高，面积如何广，始终是一个定数的，而人的力量是无尽的，子子孙孙不断努力，必然能够将他们挑到东海去。然而，许多人却不知道或者不愿意把自己的"宏图大志"细化为一个个具体的目标，并为这些目标迈出坚实的行动，他们不知道"罗马不是一天建成的"，总想着一鸣惊人、一步登天。如果没有细化了的理想和具体化了的目标，理想永远只能是理想，它越"远大"，落空的概率往往就越大。

许多人做事之所以会半途而废，并不是因为困难大，而是成功距离较远，他们缺少的不是力气，而是耐心。当他们抬头向前望的时候，终点仍然在地平线外，任务就显得那么不可能完成。但是，如果把长距离分解成若干个距离段，逐一跨越它，就会轻松许多。目标具体化可以让你清楚当前该做什么，怎样能做得更好。

曾经有这样一个试验，把人分成两组，让他们去跳高。两组人的个子都差不多，先是一起跳了 6 尺，然后把他们分成两组。对一组说：你们能跳过 6 尺 5 寸。而对另一组说：你们能跳得更高。然后让他们分别去跳。结果第一组由于有 6 尺 5 寸这样的一个具体要求，他们每个人都跳得高；而第二组没有具体的目标，所以他们只跳过 5 尺多一点。

山田是一位拥有出色业绩的推销员，他一直都希望能跻身于最高业绩的行列中。但是一开始这只不过是他的一个愿望，从没真正去争取过。直到 3 年后的一天，他想起了一句话：如果让愿望更加明确，就会有实现的一天。

他设定了自己的目标，然后再逐渐增加，这里提高 5%，那里提高 10%，结果顾客增加了 20%，甚至更高。这激发了山田的热情。从此他不论什么状况，都会设立一个明确的数字作为目标，并在一两个月内完成。

目标越是明确，越感到自己对达成目标有股强烈的自信与决心。山田说他的计划里包括我想得到的地位、我想得到的收入、我想具有的能力，然后，他把所有的访问都准备得充分完善，相关的业界知识加之多方面的努力积累，终于在第一年的年终，使自己的业绩创造了空前的记录，以后的年头效果更佳。

在平常生活中，我们都有自己的目标，要想达到目标成就大事，关键在于把目标细化。如此，一切雄伟的，漫长的，繁重的任务都会被简化成一块块小小的人生之砖。我们要做的不过是坚持下去。

找到人生的方向

关于青春，关于成长，该流的眼泪都流了，该经历的也经历了，现在，你要坚强，要乐观，要成熟，要无坚不摧。即使是世界上最乐观的人，也总会有脆弱的那一面，虽然在别人眼里，自己可能还是会忧伤，会多愁善感。可是你自己知道，无论怎么样，自己终究是正在学会成长。所谓成长，总是要经历过黑暗和迷茫，然后找到人生的方向。

知道终点，才会少走弯路

在人生的旅程中，如果不知道自己将要驶向哪个港口，那么，对他来说，也就无所谓顺风或者是逆风了。没有方向、没有计划的生活叫碌碌无为，停滞的思想只会让你面临着被淘汰，不知道自己驶向何方，你永远只在原地踏步。

在茫茫的渤海中有一条鱼，这条鱼逆流而行，它冲过海滩，划过激流，穿过湖泊中层层渔网，躲过深海中无数水生物的追逐，拼命地往上游。它不停地游，穿过山间的小溪，挤过浅滩的乱石，避过所有的暗礁，克服了所有看起来不可能克服的困难，在一天的早上，它游到了唐古拉山脉。

然而，还没来得及在这条山脉跳跃一下，还没来得及在这水中畅游一番，还没来得及品尝这清泉的甘甜，还没来得及欢呼一声，瞬间就被结成了冰。

多年以后的某一天，一个登山队发现了这条鱼，它还保持着向上游的姿势。队员们看出它是来自渤海中的一条鱼，都被它的不屈精神所感动，所折服，无一不赞叹它的勇敢与无畏。其中的一位老人却说：它固然勇敢，却只有伟大的精神，没有伟大的方向。

如果一个人不知道自己驶向哪个码头，无论什么风都不会是顺风；如果一个人不知道自己驶向哪个方向，无论到达哪里都不知道为什么来此。

作为一名新世纪的青少年，正是应该确定自己人生航向的时候，在人生的航程中，一定要弄明白自己将要行驶的方向与目的。一个人要知道自己想要什么，要清楚自己的目标是什么，如果想要的东西太多，或者没有清晰的目标，就像走在一个十字路口，左右为难、徘徊不定，于是乎，轻者彷徨、烦恼；重者挣扎、痛苦，备受煎熬。其次，人生虽有顺境、逆境之分，但境遇并非完全由上天决定，自己做出选择的那一刹或许已经决定未来的旅程是一帆风顺还是逆势而行。因此，明白自己驶向何方，是生命征途中很重要的一件事。

人生最大的遗憾就是没有方向，不知道自己将会驶向哪里，这是一件很可悲的事。作为一名有志向的青少年，在人生的十字路口，要懂得去寻找自己的方向，学会自己去选择自己的方向，确定人生航程的方向。这样，在上路的时候，你才不会害怕暴风雨的袭击，因为你知道自己将会驶向哪里，你就会有足够的勇气去面对航程中的一切艰难险阻。

目标明确，才能到达终点

人生就是让自己的目标一个一个变成现实的过程，当一天和尚撞一天钟，得过且过的日子是庸者的生活。人生要有目标，要不断努力，当你找到自己的目标并一直努力地向前跑，相信每个人都可以发光发亮。

在非洲大草原上，夕阳西下，这时，一头狮子在沉思，明天当太阳升起，我要奔跑，以追上跑得最快的羚羊；此时，一只羚羊也在沉思，明天当太阳升起，我要奔跑，以逃脱跑得最快的狮子。那么，无论你是狮子或是羚羊，当太阳升起，你要做的，就是奔跑！

人生道路蜿蜒曲折，还有很多的岔道，放眼望去，岔道上似乎有美妙的风景，你或许会踌躇，该走哪条路。要走好人生之路，就要选对路，而很关键的，是要找准方向，清楚知道自己的方向在哪里。

你不见向日葵总是朝着太阳吗？当太阳刚从山头露出笑脸时，伴着清风的吹拂，伴着鸟儿的歌唱，向日葵将头抬起，花盘朝着太阳。当太阳从天空的东边移到西边时，向日葵的花盘也从东边转向西边。在其间，不管是有蚂蚁的拜访，还是有蝴蝶的问候，它都不会因此而停留片刻，它心系的是太阳，因为，太阳是它的方向。

你不见大雁总是朝着南方飞翔吗？当秋日渐来，伴着秋日凉爽的风，伴着枯叶悠悠地落下，大雁启程了，在广袤的蓝天下，它们或许会变换队形，或许会发出在山谷回荡的鸣叫，但是，它们的方向始终是一个，那就是南方，它们永远坚持这个方向。在其间，它们不会因为落叶的飘零或是秋天的凉意而折回，它们不会因为在旅行中遇到危险而停留，它们执着地向着南方飞翔，因为，那里是它们的方向。

向日葵朝着太阳生长，追随太阳的方向，这样才能获得最多的阳光，让自己成长得更加高大；大雁朝着南方飞翔，坚持不懈地飞翔，这要才能帮助它们度过严寒的冬季，让自己得以生生不息的目的。无论是向日葵还是南飞的大雁，它们都选对了自己的方向，知道自己驶向哪里。

人，也要找准自己的方向，若迷失了方向，纵有再多的热情与努力，结果也不是自己想得到的。法国的拿破仑在进行的早期战争中是为了保卫法国，所以，他取得很大成果，推动了法国的历史车轮向前进，因为他找准了方向。后来他的勃勃野心使他疯狂，肆意侵略，导致了他的失败，因为他迷失了方向。

　　人生的道路有千条，选择哪一条道路决定了你的人生航向，不管哪一条道路，你都要给自己找一个正确的方向，沿着这个方向努力地走下去。只有知道自己驶向哪里，找到方向，你才有可能找到希望，找到成功。

做命运的主人

没有一个人在温室出生，在实验室里成长，没有一个最高的意志将这个人的人生轨迹按着最顺畅的路线安排。每个人从出生之时起，就会经历各种各样的挫折和失败，惊险与失落，沮丧与痛苦。世上的路总是起起伏伏，曲曲折折，当人们疲惫这种不确定性之后，往往反而认为冥冥中有一个高高在上的神秘的意志在主宰着人间万物。这个主宰者有许多名字，在中国人们叫他玉皇大帝，在希腊，人们叫他宙斯，某些地方人们叫他安拉，某些地方他又有一个名字叫耶和华。不管怎么样，至高的神实际上都是人类无法完全主宰命运的产物。

在这种意志的主宰下，一切皆有定数。穷通有定，善恶有报，在某种意义上，也许这样的存在更能够让世界建立起一种和谐的秩序。因为没有任何一个至尊的神不是惩恶扬善的，所谓抬头三尺有神灵。

如果世上真有这么一个高高的存在，那么它肯定不叫上帝，而叫规律。或者叫做道。万事万物都是服从其特有规律的，人也不例外，每一个人的命运也是被大千世界的诸多因素制约，按照一定规律发展的。因此，就给了我们做自己命运主人的机会。因为只要我们审时度势，顺势而行，自然会驾驭住命运的马车，否则。我们必须被命运抛入痛苦的渊薮。

要做自己命运的主人，自然不能受"上帝"的安排。不把一切痛苦的渊源归于宿命上面，所谓"我命由我不由天"，当遇挫折时的态度。要有乐观的态度，用积极的精神，饱满的斗志奋斗到底，冷静而热情地以智慧与毅力化解困难。我们依旧勇敢的自信地对命运说："我要做你的主人，我要书写自己的人生！"

生活的强者，必须是奋起于与恶劣命运抗争的人，他们从不气馁，直到走出人生的低谷。伟大的音乐家贝多芬因为贫困没有受过高等教育，十七岁时得了伤寒和天花，之后，肺病、关节炎、黄热病、结膜炎接踵而至，二十六岁时又失去了听觉。然而，就是这样一个在常人看来几乎没有任何快乐因素的人，却创作出了《月光曲》《命运交响曲》等多部感动世人的伟大作品，被后人尊称为"乐圣"。命运在向人们关闭一扇窗的同时，又为人们打开了另一扇门。一个积极乐观自信的人，能够笑看生活中的输赢得失。他们相信未来，从不抱怨现状，而是利用自己的优势，发挥自己的潜能，成就自己的事业，实现自己的价值，享受人生的快乐。

俗话说"天无绝人之路"，真正让一个人走向不归路的，肯定是他自己的某些弱点，某些罪恶。所谓"天作孽，尤可恕，自作孽，不可活"，没有一个人生下来就被上帝所特别诅咒，正如没有一个人生下来就被上帝特别祝福一样，一个人的命运怎么样，全靠他自己掌握，全看他的性格修炼和努力程度。有的在人生的半途中就停止前进，有的甚至尚未在人生的旅途上迈开步伐就已经倒了下来，于是烦闷，失意的心情更围绕着自己的人生，而逼着自己自暴自弃，再加上现实的环境使自己感到孤立无助，前途渺茫，转而怨天怨地，咒骂人生，且在不知不觉中荒废了自己宝贵光辉的生命，这是多么的可惜呀！

因而不让自己生命宝贵的光辉，失落于人生中，所以必须了解自己的命运，而积极地去突破命运掌握操纵人生，使宝贵光辉照耀着人生。

托尔斯泰有句名言"大多数人想改造这个世界，但却罕有人想改造自己"一位牧师正在做事，他5岁的儿子过来纠缠。为了摆脱纠缠，他随手拿起一张世界地图，撕作碎块，说你拼好了再带你去玩。3分钟后，孩子拿着拼好的地图进来。牧师惊呆了，这么快怎么可能拼出呢？孩子翻过地图背面，指着背面拼好的人头像说，只要人正确，世界就正确呀！精辟！深奥！的确。当我们都致力于调整这个世界时，为什么就不能转向自己？不能改变环境，不能改变他人，难道我们不能改变自己吗？

　　拿破仑说，良好的心态是成功人士所共有的一个简单秘密。心态的力量在成功路途中起着决定性的作用，有什么样的心态，就有什么样的人生。因此，拿破仑即便被终身囚禁于孤岛上时，他的人生也没有虚度。

长跑要有对手

人生犹如长跑，如果没有对手也将会十分孤单。在电视剧《亮剑》中，八路军的李云龙团长和晋绥军的楚云飞团长就是惺惺相惜的朋友，虽然他们知道最终有一天会各为其主，变成战场上的敌人。这两个人彼此佩服，彼此照顾和关爱。正是由于楚云飞的存在，激发了李云龙的好胜心，也正是由于李云龙的存在，也更加激发了楚云飞身上的男儿血性。虽然这两个人最终走向战场的对立面，但是这种肝胆相照的敌人有时候比朋友更值得尊敬。

而在《康熙王朝》中，康熙皇帝有这样一段台词："这第三杯酒，朕要敬给朕的死敌们，鳌拜、吴三桂、郑经、葛尔丹，哦，还有个朱三太子，啊，他们都是英雄豪杰啊，啊，他们造就了朕哪！他们逼着朕立下了这丰功伟业！朕敬他们，也恨他们！可惜啊，他们都死了，朕寂寞啊！朕不祝他们死得安宁，祝他们来生再世再与朕，为敌吧！"虽然康熙不一定说过这段话，但道理是一样的。这些对手的存在，逼出了康熙的雄心壮志，从而成就了自己的事业。

人生在世，不仅需要朋友，同样也需要对手，需要对手的重要性甚至超过了朋友。甚至有人说"评价一个人的价值不是看他的朋友，而是看他的敌人"，没有朋友，生活会郁郁寡欢，形单影只，生活是寂寞乏味的；没有对手，自己一个人唱独角戏，自己的潜能很难得到挖掘，也难以达到自己的人生高度。

生活上需要对手。喜欢下棋者，要找一个水平相当的对手，才能杀得酣畅淋漓；酷爱打球者，要找一个球技不相上下的对手，方可尽兴过瘾。事业上更需要对手。古往今来，凡是轰轰烈烈的事业，都是强大的对手激烈碰撞的结果。刘、项争夺天下，金戈铁马，刀光剑影，杀得难解难分，于是就有了鸿门宴、十面埋伏、霸王别姬等一幕幕历史大戏生动上演。诸葛亮与周瑜，都是一时人杰，二人既是朋友又是对手，明争暗斗，各展绝技，于是就留下了群英会、草船借箭、三气周瑜等美妙传说，而正是赫克托的存在，才衬托了阿喀琉斯的伟大。

无疑，现实生活中，不管你愿意与否，没有对手的人生是残缺不全的。因为，对手可以激发我们的竞争意识，使我们不甘平庸，不肯落后；对手可鞭策我们不敢懈怠，不肯放松，永远进取；对手可使我们保持危机感，始终心存忧患，在激烈的竞争中升华自己，实现人生价值。一个人如果没有对手，很可能就是落后的开始，没有对手，就会自高自大，成为井底之蛙；没有对手，就会自得其乐，"山中无老虎，猴子称大王"；没有对手，就会裹足不前，得过且过，最终被时代所抛弃。

因而，我们如果没有对手，就要主动给自己找对手。可在身边找，也可在千里之外去找；可在今人中找，也可在古人中找；可以是真实的对手，也可以是虚拟的对手；说到底，也就是要找个追赶的榜样，找个竞争的对象，找个可以激励自己的目标。一看到他，就能发现自己的不足，觉察出自己的差距；一想起他，就充满了不服输的劲头，就渴望真刀真枪地比一回，分个输赢高下。倘若有了这样的对手做伴，能树立强烈的对手意识，时时在激励、鞭策我们，奋斗几十年，我们即便成不了伟人名流，也不会一事无成；即便不会名闻天下，也不会蹉跎人生。我们将在和对手的不断较量中，成长成熟，趋善趋美，走向自己人生的辉煌。

因为有了白云的点缀，蓝天才不会显得空洞；因为有了红花的陪衬，绿叶才越发滋润；因为有了小溪的叮咚作响，小河才不会寂寞……生活启示我们：人生需要对手。

有人说，对手如一串音符，倘若其中没有休止符，便无法演奏出动人的乐曲。是啊，或许我们在很长时间内面对对手显得苍白无力，忧虑重重，但这毕竟是一把待启的"锁"，只要找对了钥匙，耐心加上信心便终会开启。

有人说，对手好似一幅油画，如果没有留出些空白，也就失去了它应有的层次和美感，就像斑驳的树影深深浅浅的动感之路。的确，有许多客观原因使我们在对手面前逊色不少，但努力过后，终有收获亦是我们坚信的真理。

吴萧炀在《如花》中这样写道："生命也像一只精致的玻璃杯，常常禁不起天灾人祸的撞击，粉碎成一地的璀璨。"人也一样，有时需要强有力对手的打击，方能成材。

"风雨彩虹，铿锵玫瑰"，它在旭日下开得那样灿烂。面对对手，我们更多的是要永不言弃，"蒲苇一时纫，便作旦夕间"令我们惋惜；"逆水行舟，不进则退"令我们知难而上；"长风波浪会有时，直挂云帆济沧海"更令我们面对对手时面不改色，充满信心和勇气。

对手就像一阵风，时而宁静，时而疯狂……但她却能点缀成我们生命中最美好的篇章。

第六章　大格局者纳百川，怀日月

　　大气，即大度，百川到东海，终成磅礴，那是因为海有难以衡量的气度。而一个人能胸怀天下，居庙堂之高则忧其民，处江湖之远则忧其君，对于生活小事则风轻云淡，不萦于怀，这就是一种大气。

　　唯有大气方能容天下之事，运筹帷幄，成就大事。成功源于大气，做人要大气，这是成大事的根本。

器量决定你的成就

我们常常说"有容乃大，无欲则刚"，这个有容指的就是器量。器量有一个别样的称呼叫雅量。一般来说它是指一个人心胸宽广、豁达大度、从容不迫。

东晋时，前秦苻坚率数十万大军南征，谢安命谢玄在淝水一线抵御，东晋存亡，在此一举。而战况最为紧张时，谢安却在府中与客人下着围棋。前线捷报传来，谢安"看书竟，默然无言，徐向局"，竟然像是心中丝毫未起波澜。真到战争胜利时，他也只淡淡地说了一句"小儿辈大破贼"。这是何等的从容与豁达。要说他真的无虑生死，甚至视国家安危如儿戏，当然错了，这两件事他其实都是以全力应对的。只不过以超脱的精神、宽豁的胸怀与镇定的态度对待一切，是谢安长久以来有意培育的人格修养。又正因如此，他才能更为从容地处理重大事务。此所谓"举重若轻"。

一位君王，应当有王的器量，一位大师、名家，应当有大师的器量，一个人的器量，表现在他遇到不同问题时的态度以及处理方式，表现在他的一举一动，一言一行之中。

器量，首先意味着包容。一道篱笆三个桩，一个好汉得仨帮，足球从来不是一个人踢的，总有人与你同舟共济。与人合作不仅要发挥别人的长处，也得宽容别人的缺点。其实，优点与缺点犹如硬币的正反面，容不下反面，当然会丢掉正面。弥勒之所以成佛，就是因为他能够"大肚能容天下难容之事"。春秋战国时期，鲍叔和管仲合伙做生意，赚了钱管仲总是找各种借口多拿，赔了又想尽办法推脱。鲍叔对此一笑置之，认为管仲贪得惜失必有衷曲，以至于他形成了主动让利的习惯。后来，两人分别辅助齐国两位公子，管仲为了让自己辅助的公子纠顺利继位，半途袭杀公子小白，误认致死，导致其率先入齐继位，这就是齐桓公。齐桓公获得了齐国的治理权，鲍叔连忙向他推荐管仲。在管仲的辅助下，齐国没过多久，成了天下霸主。一个容字，容出了强盛的齐国，容出一部千年经济学绝唱《盐铁论》。

乾隆的臣子中有一名叫兆惠的大将，因为受到诬陷被投到狱中待审。有一个名叫胡富贵的监狱长因兆惠没有给他送银子而对兆惠进行了残酷的毒打和侮辱，兆惠因而几乎丧命。他发誓出狱后一定要手刃胡富贵，以雪其狱中所受之辱。

果然，兆惠后来雪冤出狱且被封为大将，到处找胡富贵报仇。胡富贵也因害怕到处躲着兆惠。后来乾隆为满足兆惠的报仇愿望而特意把胡富贵调到兆惠的军中，并说：英雄快意冤仇相报，昔日李广曾杀灞陵尉，朕为什么不能成全兆惠这个心愿？兆惠听了之后感动得五内俱沸。

但纪晓岚和傅恒（福康安之父）却对兆惠说了这样一段话：

"士可杀而不可辱，灞陵尉吃醉了酒，李广又是赋闲将军，遭辱忍不下这口气，再掌军权，就杀了这个不晓事的人。很痛快——你的事和他仿佛。就皇上而言，死一个胡富贵，得一员上将，这个出入账不消算的。但司马迁著文提这一笔，可不是在夸奖李广，是贬说他的器量——韩信受胯下之辱，拜帅之后又用了辱他的人，提这一笔，却是在赞赏韩信——你们好生想想。李广百战之功不得封侯，到底是生不逢时，还是他的器宇不够？"

兆惠听了他们的话之后，顿时如醍醐灌顶，后来宽恕了胡富贵。而胡后来也成了兆惠手下一员得力干将。最终兆惠也因战功赫赫进了贤良祠。

傅纪二人的这段话很深刻，的确如此，我们很多人都为李广有百战之功却不得封侯而感到冤枉，也有人认为是汉武帝只偏宠自己的国舅卫青而不给有勇有谋的李广太多的赏赐。读了这段话之后，我们就会有另外一种认识，李广之所以不得封侯是因为他的器宇不够。器量不够者如周瑜，纵然雄姿英发，能够谈笑樯橹灰飞烟灭。但是由于他没有容人之量，最后活生生把自己气死了。临死前还至死不悟，嘴里大叫着"既生瑜，何生亮"。

周瑜的早逝，与其气量有关。一个人没有容人之量，心胸狭窄，鼠肚鸡肠的话，虽说不至都像周瑜一样失去生命，但是你的小气毁灭你的事业总是够了。

器量，讲一个德字。小成靠智，大功靠德。没有道德做基，功业既做不大也不会长久。改革开放初期，很多聪明人凭借好政策，兴企办厂，率先致富，名噪一时。今天回头一看，当初充斥报纸版面和电视荧屏的明星企业家们，有的折戟沉沙，有的锒铛入狱，有的黯然收场，只有万向节集团的鲁冠球风采依旧。为什么？因为他把财富当成了手段，回报社会才是企业的最终目的。所以三十多年来，万向节集团的财富积累翻了一番又一番，就像一棵常青树充满了生机。海尔、康师傅、娃哈哈、网易……著名企业能够快速成长，莫不与其报答社会造福人类的浓厚企业文化相关。创业，不能仅仅理解为个人财富的追求，不是简单地就能将劳动者转变为创业者，它更像是担当一种责任、带领一个集体实现共同目标。

器量，讲一个忍字。如果项羽当年忍受挫折，保全性命，以待东山再起，天下就未必姓刘。可惜的是，他把暂时的失败当作"丢面子"，见不得愁苦，听不进哀怨，轻易地割断了脖子。想要取得成功，就得忍难忍之气。同时代韩信，忍受胯下之辱，承受漂母之哺，终于抓住了人生际遇，在刘邦麾下攻城略地，一展大志。设想如若忍不住一时之气，哪会有来日的淮阴侯？

　　器量，讲一个韧字。水滴石穿，成功有时候就在于向前再迈一小步，可是，不少人却在黎明前放弃了整个白天。

　　一个人器量有多大，事业就能做多大。项羽和刘邦年轻的时候，都曾见到耀武扬威的始皇帝。前者称"彼可取而代也"，后者言"大丈夫当如此也"！可见，二位器量不俗。然而，待到秦末，群雄揭竿而起，逐鹿中原，剩下了项刘对决，方显出项羽器量略小。霸王优势占尽，而最终自刎乌江，输的不是"四面楚歌"，不是"智不逮人"，而是"无颜面对江东父老"的自暴自弃。市场经济，创业维艰，没有器量难以获得成功。

　　一个人要有器量。必须先把自己腾"空"，如果自满，自然不可能容物。布袋空了盛得下粮食，坛子空了盛得下美酒，盘碟空了盛得下可口的菜肴，器量空了才可以学知识，看轻自己才能够容人。

　　器量决定了一个人的高度，一个有器量的人才才会有所成就，否则他未来的成就势必会受到局限。在谨记"知识就是力量"的同时，也不妨也提醒自己——"器量决定了高度"，这是一个知识爆炸的时代，在我们追求知识、升学、才艺…的同时，千万不要忽略了：所谓的"内在"，除了充实知识、才艺外，还包括了充实修养、品格。大海之所以纳百川，是因为它渊深；山岳之所以高万仞，是因为它博大。做人，就应该有山海一样的器量，有宽宏大量的美德。

从容做人

从容是一种境界，古语云："天地万物皆始于从容"。"从容"是指人的举止行动舒缓而不急迫，在事物发生变化时，能沉着、镇定、泰然、恬淡、大度以对。人们发现水从容，河流才一路逶迤，永不停息；云从容，雨才自九天抖落，汇入浩渺的海洋；山从容，才以悍然的风度做岁月的见证。为人处事也须从容，从容的人，做事不急不慢、不躁不乱、不慌不忙，井然有序；从容的人不愠不怒，不惊不惧，不暴不弃；从容的人自如而不窘迫，审慎而不狷躁，恬淡而不凡庸，坚韧而不浮华，义无反顾而举重若轻；从容的人，遇险境不惊，逢恶境不馁，处苦境不愁。故从容者才活得自在、快乐、本色、自然，才有真正平实而健康的人生，它也是一种和谐、健康、文明的精神状态和生活方式。

从容要求人们心态淡定，面对外界环境的各种变化，无论是狂风暴雨，沧桑巨变、命运逆转，都能做到猝然临之而不惊，镇定自若，果敢善断而应对；在遇到困难时，不退缩、不躲避，不怨天尤人，要做到乐观向上，敢于向命运挑战，想方设法去寻找克服困难的途径；在遭挫折时，不灰心、不沮丧，勇于分析原因，吸取教训，树东山再起之雄心，重新奋起。从容要求人们做到成固可喜，失亦无妨。

从容是种有关自制力的境界，一个只有能控制自己，才能控制事物，在高朋满座时，不会昏眩，不会洋洋得意。曲终人散后，不感孤独，不感叹人情冷暖。既能坦然地迎接生活的美酒鲜花，也能洒脱地面对生活的刀风剑雨，能平静地寻找阳光和希望，以静制动去赢得新的胜利。从容的境界要求心灵的超脱，做到心灵淡然若水，轻盈飘逸，似高山无语，若深水无波；素净质朴、深邃执着；宽容谨慎，清淡简约；无旁逸斜出，不烦冗奢华；行为有取有舍，有收有放，有失有得，具有东篱采菊的超脱。

从容的优势在于能理智分析情景，以冷静掌握抉择，有勇气抛弃包袱，用真心追随智慧，能相对保持心态平衡，可较好地协调内外环境的关系，故从容者能无往而不胜。

古语曰："从容者气初也，急促者气尽也""人从容则有余年，事从容则有余味""处事从容日月长"。学会从容做人，从容处事，你将会在人生道路上破雾拨障，变荆棘为坦途，走向新的辉煌。

做人和做事都会有难点。如竹之拔节，如禅之顿悟。"山重水复疑无路"，往往是"柳暗花明又一村"的前夜。难题即魔障，跨越即升华。没有难度即没有高度，没有小人也难成君子。难题为英雄所设，小人为君子所生。英雄在烈火中永生，伟人在磨难中成长。破解难题的唯一钥匙。即做事要从容，做人要宽容。

做事要从容。小事好事善事要坚持，寒暑不易，坚持不辍。积小成大，积少成多，积微成显。大事难事急事要从容稳妥。宜快则快，宜缓则缓，力戒急躁冒进，急于求成。大事面前要冷静，难事面前要从容，急事面前要果断。特别是事情确定以后，选人尤其重要，用人不当，事败必然。人选不好，宁愿暂缓。做事一定要适得其人，恰逢其时，方可上马。

做人要宽容。人上一百，形形色色。人的复杂性，正是社会的丰富性。千人一面，众口一词，根本不存在，实际不可能。改变不了别人，但可以调整自己。人的思想和意识不可能也没必要和你希望的一模一样，你可以不赞成别人的意见，可以不欣赏别人的个性。但你要尊重别人的人格，尊重别人发表意见的权利。

有权采纳和排除别人的意见，但不要伤害别人的自尊。不要纵容恶人恶行，但必须包容别人的善意好心。对待人内心要谦和，姿态要低调，表情要和蔼，说话要礼貌，行为要得体。人抬人高，人踩人死。人脉是人缘的润滑剂，是事业成功的助推器。

我们必须把自己的聪明才智，用在有价值的事情上面。集中自己的智力，去进行有益的思考；集中自己的体力，去进行有益的工作。不要总是企图论证自己的优秀，别人的拙劣，自己正确，别人错误。不要事事、时时、处处总是唯我独尊；不要事事、时时、处处总是固执己见。在非原则的问题和无关大局的事情上，善于沟通和理解，善于体谅和包涵，善于妥协和让步，既有助于保持心境的安宁与平静，也有利于人际关系的和谐和朋友关系的稳定。

妒忌是众恶之首

有一个人遇见了上帝，上帝说："现在我可以满足你的任何一个愿望，但前提就是你的邻居会得到双份的报酬。"那个人高兴不已，但又细心一想：如果我得到一份田产，我邻居就会得到两份田产了；如果我要一箱金子，那邻居就会得到两箱金子了；更要命的就是如果我要一个绝色美女，那么那个看来要打一辈子光棍的家伙就同时又得到两个绝色美女……他想来想去总不知道提什么要求才好，他实在不甘心被邻居占便宜。最后，他一咬牙："哎，你挖我一只眼珠吧。"

妒忌是一种病态心理，在心胸狭窄的人身上更易得产生，在心理学中属于情感的范畴。妒忌是一种积极的想排除别人超越的地位，或破坏别人超越的状态，具有憎恨的激烈的一种感情。

从个性特征来看，妒忌心重者往往好胜心强，自制力差，心胸较狭窄，注重个人得失，不能够关心别人。引发妒忌大体有这样几种情况：

第一，妒忌者在许多方面确实比你强，或者与你不相上下，但缺乏像你这样的好机会，因此嫉妒你。

第二，妒忌者在许多方面确实不如你，因缺乏自知之明而产生一种无形的压迫感，因此嫉妒你。

第三，妒忌者与你在某些问题上的看法不同，而你却受到人们的赞同，因此会妒忌你。

第四，妒忌者与你性别相同，年龄相仿，而你做出了人们公认的成绩或处于优越的地位，因此妒忌你。当然你也会出现妒忌。

嫉妒是让人变得狭隘的腐蚀剂；嫉妒是让人变得残暴的催化剂；嫉妒是潜藏在人的骨子里面的天性，是人性中固有的劣根性；嫉妒是走向成功的一大障碍。

魏国有一名大将叫庞涓，他指挥魏军打了不少胜仗，自以为是了不起的军事家。可是他心里明白，他的同学齐国人孙膑（bìn），本领比他强得多。据说孙膑是著名的军事家孙武的后代，只有他知道祖传的 13 篇兵法。

庞涓妒忌孙膑的才能，他居心不良，安排了一条陷害孙膑的诡计。他向魏惠王（魏国国君）举荐孙膑，魏惠王很高兴地派人请来孙膑，共议国事。孙膑的才华处处显露出来以后，庞涓在魏惠王面前诬陷孙膑私通齐国谋反。魏惠王大怒要杀孙膑，庞涓又假意讲情，结果孙膑被治了罪，剜掉了双腿的膝盖骨，成了残废。

后来孙膑知道了这是庞涓的诡计，一怒之下，烧掉了即将写成的兵书，装成疯癫，麻痹庞涓，再设法逃脱虎口。

恰好齐国的一位使臣到魏国办事，偷偷把孙膑藏在车内，混过了关卡，带到齐国。

齐国国君十分敬重孙膑，想拜他为大将，孙膑极力推辞："我是个受过刑的残废，如果当了大将，众人会笑话的。"齐威王就让他做军师，行军时坐在有篷帐的车里，协助大将田忌作战。

在孙膑的策划下，齐军连打胜仗。公元前 342 年，庞涓带魏军攻打燕国，田忌、孙膑率齐军救燕。但孙膑指挥军队不去燕国，而直接攻打魏国。

庞涓得到情报，忙从燕国撤兵赶回魏国。路上庞涓观察齐军扎过营的地方：第一天的炉灶数，足够 10 万人吃饭用的；第二天的炉灶数，够 5 万人吃饭用的了；第三天的炉灶数，只够 3 万人吃的了。庞涓放了心，笑着说："我就知道齐兵都是胆小鬼，到魏国才 3 天，10 万大军就逃散了一大半。"他下令急追齐军。

　　魏军一直追到马陵（现河北省大名县东南），天渐渐黑了，马陵道在两山之间，路很窄，两旁都是深涧。这时，有士兵报告："前面山道都用木头给堵住了。"庞涓急忙上前去看，果然如此，只有一棵大树没被砍倒，大树上还有一大片树皮被砍掉了，上面好像还写着字。庞涓命人拿火把来，借火光一看，他大惊失色，原来上面写的是"庞涓死于此树下"，落款是"孙膑"。庞涓想撤兵已来不及了。这时四面杀声震天，不知有多少支箭一齐射来，齐军已把魏军团团围住了。庞涓身中数箭，他已无路可走，就在树下自刎了。

　　大树不必妒忌小草，妒忌行为，通常发生在两个文化、条件相当，才华、才智在伯仲之间并有竞争关系的人之间。而条件不相当，或者没有竞争关系者一般不会出现这种现象。比如，不少女性对于小女孩是不吝啬赞美的，因为她们不处于一个时代断层，没有竞争关系，而女性之间却往往爱比个高低。也许这正是某些女性过于虚荣的原因。竞争中的失败者往往对竞争对手产生妒忌心理。妒忌者这时的心态难免有点变态，往往采取一些不应该的手段，做出一些过激的行为，甚至造成一些不良的恶果。

　　妒忌是一种无以复加的愚蠢，它会让人变得缺乏理智，它是缺乏才智的体现。妒忌别人的才华，正好证明了自己的无能；妒忌她人的容貌，恰好是对自己容貌的否定。妒忌者企图用妒忌来保住可怜的自尊，殊不知那就如水中月，镜中花，中看不中用，到头来也只能是自欺欺人。

　　妒忌是腐蚀人性的硫酸，它吞噬着人们的良知和良心。在妒忌的驱使下，人的行为会变得不理智、偏激，有时会变得极端自私，变成卑鄙小人，诸如诽谤、中伤、挑拨、毁物、毁容、置对方于死地而后快等。

妒忌是一种心理病态，可以危害人的身心健康。妒忌的心承受着双重痛苦；一方面，为自己的失败或不幸而感到痛苦。另一方面，为别人的成功或者幸福而感到痛苦。特别是对于良心未泯的人，理智上知道不该妒忌别人，情感上又甩不掉妒忌的蚂蟥，更是被良心的痛苦缠绕着，背着自咎、自责的沉重包袱。

妒忌是走向成功的一大障碍。每个人都不是生活在真空，而是生活在现实社会中。每个人都是一个社会的人。社会是一个整体，它是由若干个团体组成的社会整体。任何人离开了团队，离开了社会，都将会一事无成。任何人的成功都离不开别人的支持和帮助，离不开团队和社会的认可。一个好汉三个帮，一个篱笆三个桩，说的就是这个道理。从古至今，没有哪个人是靠单打独斗闯出天下的。任何一个经常妒忌别人，极端自私，搬弄是非，卑鄙的小人，都不可能被团队和社会整体所接受。最终都会被团队和社会无情地抛弃。正因为这个道理，我们说宽容大度是成功必备的品质。那些小肚鸡肠，心胸狭窄的人，根本成不了大事。

可疑，但不要多疑

做学问可以多疑，小疑获小进，大疑得大知，但是做人却不可以多疑。我们说人不要多疑，当然不是指遇到任何事都不经过思考，而是指不要过度的怀疑一切。如果你的生活出现了这种情况，感觉周围好像总是存在着一些不利于你的东西；或者总觉得别人在你背后说你的坏话；或者你总是不相信身边的每一个人，那你可能患上了多疑症。

多疑容易造成人们"心理过敏"，造成人们"心理过敏"反应的原因，总的说来有两个：一是由于幼稚与自我感觉欠佳。一旦人自我感觉不佳，会产生极强的自卫意识，头脑中永远有一根严阵以待的防卫神经，听不进任何批评意见，甚至还会将别人善意的告诫视为对自己的人身攻击。其次，不切实际的期望也往往导致心理过敏。也许你希望别人对你完全接受，赞同你的一切建议。然而，事实会常常不尽人意，于是，你会感觉到失望与不满，似乎人人都故意与你过不去，疑虑重重，总觉得别人对自己有看法。这是一种多疑病态的表现。

在对人有成见、偏见或遭受挫折的情况下，人往往容易产生多疑，这类人一般非常看好自己，总希望得到别人的夸奖。常以主观想象代替客观现实。一旦得不到外界的肯定，就会认为一定是什么地方出了问题。他们对别人也不能完全信任，怕被人在背后议论。经常体现为对自身以外的人和事抱有不信任的心理。

情绪紧张度高、内心波动大。容易对较小的刺激产生强烈的反应。一旦发生伤害自尊心的事，就会被一种不安的情绪所笼罩，从而产生恐惧的心理。

多疑是人性的弱点之一，历来是害人害己的祸根，是卑鄙灵魂的伙伴。一个人一旦掉进猜疑的陷阱，必定处处神经过敏，事事捕风捉影，对他人失去信任，对自己也同样心生疑窦，损害正常的人际关系。

多疑的人心胸狭窄，固执己见，动不动就捕风捉影地胡乱猜疑别人，怀疑了许多本不该怀疑的人和事，也相信了许多本不该相信的人和事，把怀疑一切和相信一切都绝对化，从此为自己绑上沉重的负担。

曹操生性多疑，造成惨案而令后人扼腕不已的有两件事。一件是杀华佗。华佗，字元化，沛国谯郡人。他的传记列在《三国志·魏书·方技传第二十九》，里面记述了他的若干绝技，有的写得很玄乎，但也有颇实在的，其中一桩，演义略做发挥如下："若患五脏六腑之疾，药不能效者，以麻肺汤饮之，令病者如醉死，却用尖刀剖开其腹，以药汤洗其脏腑，病人略无疼痛。洗毕，然后以药线缝口，用药敷之。或一月，或二十日，即平复矣。"完全是在叙述一桩现代西医外科手术全过程。其时间不知比西方早了多少世纪，且麻沸汤又不知比朝脊梁骨里打麻药针高妙了多少倍！但是，当他在给曹操治病时，却遭到了曹操的猜忌，因为曹操实在不放心把自己的头颅交给一个医生来做手术，自然，曹操的多疑使他付出生命的代价。

曹操多疑造成的最大一桩惨案是杀吕伯奢一家九口。庄后杀猪磨刀霍霍，是引起疑心的最初原委，接着更令人犯疑的是庄客的对话："缚而杀之，何如？"后来的说书人还加了两句："先杀瘦的还是先杀肥的？""当然先杀肥的。"陈宫瘦，曹操肥，难怪曹操要先下手为强了。前面八口是因疑而误杀，后面的吕伯奢，则是明白之后的故杀。末了还要恶狠狠加上一句："宁教我负天下人，休教天下人负我！"。曹操的多疑可以说，在很大程度上也抵消了他"唯才是举"带来的优势。

其实，世界上是没有一个人是不能理解的，没有一件事是不能理解的，你如果怀疑哪个人，哪件事，最简单的办法就是去与那个人交谈，坦诚而友好地与他交流自己的看法，获得真实的认识，从而达到理解。一旦理解了，也不会再挂在心中，不再记恨那一切了，消除误会的办法就是面对面的沟通，这比任何旁敲侧击、迂回了解、道听途说都省事而见效。

面对多疑这种心理失衡，我们该怎么应对呢？

首先，凡事要用全面的、发展的观点来看：不要只看到事物不好的一面，还要看到其好的一面。对于了解有限的事物，不要先给它戴上有色眼镜，过早地下结论，这样对人、对事都不公平。

其次，要多与别人沟通：通过与别人的交往，可以使彼此之间的关系更加密切，对大家的了解也更深了，从而增加了彼此间的信任，减少不必要的猜疑。

另外，对别人不要过分要求：所谓"己所不欲，勿施于人"，只要我们能设身处地从别人的角度出发，不过分要求别人，多多宽容别人，这样就可以大大地缓和彼此间的关系，使得朋友、同事间更能坦诚相对。

同时，戒除多疑还要培养自己多方面的兴趣：通过培养多方面的兴趣，例如读书、旅游，等等。使自己从中找到更多的乐趣，脱离困扰的工作环境，从而达到放松身心的目的。

最后，戒除多疑还要学会自我控制：用自己的理智控制自己的情绪，有意识地培养自我的诚实度和对他人的依赖感，对于消除多疑的性格很有帮助。

　　多疑的性格，不仅仅是自己给自己找麻烦，而且会损害他人，也不利于自己的事业和生活。所以，一个人应该坦诚地生活，不要让多疑夺去你生命的光泽。

能忍则忍

如果你不是万能的神，那么宇宙就不可能围着你转，你也总会遇到许多不如意的事，而这些事不可能每一件都能得到解决，或者暂时你无力解决。这个时候怎么办？忍！人生有很多事，需要忍。人生有很多话，需要忍。人生有很多气，需要忍。人生有很多苦，需要忍。人生有很多欲，需要忍。人生有很多情，需要忍。

昔日寒山问拾得曰："世间谤我、欺我、辱我、笑我、轻我、贱我、恶我、骗我、如何处治乎？"拾得云："只是忍他、让他、由他、避他、耐他、敬他、不要理他、再待几年你且看他。"可以说，隐忍谦让自古以来就是中华民族的传统美德。

周成王曾经告诫群臣说："必有忍，其乃有济；有容，德乃大。"意思是人必须要能够忍，才能办成一件事情；只有对人对事宽容，才能说得上有道德。而孔子也曾经说："小不忍，则乱大谋""君子无所争"。老子则说："天道不争而善胜，不言而善应"。佛教中有"六度万行，忍为第一"的说法，意思是六种超度方式与万种修行方法中，忍让第一。可见，在任何一种文化里，忍耐都是一种美德。

历史曾经因为忍耐成就过不少英雄人物，周文王被关押起来，但是他心平气和地应付这种日子，把时间花在《周易》的研究上。孔夫子在遭遇坎坷的日子，并不气馁，而写出了洋洋大作——《春秋》；屈原放逐，乃赋《离骚》；左丘失明，厥有《国语》；孙子膑脚，始有《兵法》；韩信忍胯下之辱，成就西汉霸业……元代著名学者许名奎和吴亮还特意编撰了一本《忍经》，搜集了古籍中有关"忍"的格言和事例。且让我们穿越时空，了解古人的忍让故事。

忍是一种境界，一种眼光，一种胸怀，忍是对人生最深刻的领悟，所以忍也是一种人生的技巧，忍是一种规则的智慧。忍有时是怯懦的表现，有时则完全是刚强的外衣。

忍有时是环境和机遇对人性的社会要求，有时则是心灵深处对人性魔邪的一种自律。学会忍，是人生的一种基本谋生课程。懂得忍，游走人生方容易得心应手。当忍处，俯首躬耕，勤力劳作，无语自显品质。不当忍处，拍案而起，奔走呼号，刚烈激昂，自溢英豪之气。

懂得忍，才会知道何为不忍。只知道不忍的人，就像手舞木棒的孩子，一直把自己挥舞得筋疲力尽，却不知道大多数的挥舞动作，只是在不断地浪费自己的体力而已。

成熟老练的人素来将忍耐视为一种做人的分寸。

唐代大诗人白居易说："孔子之忍饥，颜子之忍贫，闵子之忍寒，淮阴之忍辱，张公之忍居，娄公之忍侮。古之为圣为贤，建功树业，立身处世，未有不得力于忍也。凡遇不顺之境者其法也。"

当然忍耐是很重要的。但忍也是有个度的，不是任何事，任何时候都需要忍。当忍耐掺入了阴柔，变成了一种相安无事、与世无争、苟且偷安的处世哲学后，它就走向了反面。

对于这一点，大学者林语堂先生曾这样批判："遇事忍耐为中国人的崇高品质，凡对中国有所了解的人都不否认这一点。然而这种品质走得太远了，以致成了中国人的恶习：中国人已经容忍了许多西方人从来不能容忍的暴政、动荡不安和腐败的统治，他们似乎认为这些也是自然法则的组成部分。"

忍耐不应该成为懦弱的外衣，如果让忍耐浓浓地烙上了保守、落后、安命不争、平庸、易满足、缺乏进取心、衰老退化、奴性、软弱、过于自卑等痕迹时，那么，这样的忍耐就变了味，一定叫人憋气，叫人难受，叫人窝囊，叫人痛苦……

所以，要学会忍耐。要能忍、会忍、善忍。人生，当忍则忍。忍一时风平浪静。但是，当风雨来临之时，克服害怕，勇于担当。也是另一种"忍"，太刚则折，学会忍耐，才有韧劲，你的生命才更加顽强。

敢于担当

做人，一定要有担当。所谓担当是指对一个人对事情的敢于负责的态度。一个有担当的人，必然是一个有责任心的人，所以，范仲淹"居庙堂之高则忧其民，处江湖之远则忧其君"，而顾炎武终身抱着"天下大事，匹夫有责"的精神。一个人，只有勇于担当，才可能做到一件事情，才会有发奋图强的基础，否则一切都是空谈。

何谓"担当"？担当首先就是"接受并负起责任"。显而易见，有担当之人的家庭，才会和谐融洽；有担当成员的团体，才会处变不惊，成就一番事业；有担当脊梁的社会和国家，才能国治而天下平。担当，是一个人存世之魂，也是一个国家的立国之本。罗兰说，性格决定命运。如果一个人优柔，懦弱，缺少魄力和担当，恐怕很难成就大事，也很难赢得贵人的赏识。主动要求承担更多的责任或自动承担责任，是我们成功的必备素质。

曾有一位总裁说："我最不欣赏那些遇事不主动承担责任的人，如果有谁说'那不是我的错，那是别人的责任'而恰好被我听到的话，我会毫不犹豫地开除他。"

一座桥梁，因为担当起众人的践踏，所以才会不朽；墙角的花，因为担当起血泪的洗礼，才会有惊叹的美丽；海燕因为担当起了海浪的拍打，才会有"天高任我飞"的雄姿；傲梅因为担当起了风雨的考验，才会有"唯有暗香来"的清高淡雅……担当，使世界充满力量；担当，让美丽多了一份铿锵。

担当是一种呼唤，当历史需要你的时候，你就应该挺身而出，肩负起自己的责任，当家庭需要你的时候，你就应该做一棵大树，保卫着你的家人，当你的公司需要你的时候，你就应该知难而上，将自己的光和热尽情发挥。

"长太息以掩涕息，哀民生之多艰"，多少次思绪飘飞到汨罗江畔去寻找屈原伟岸的身躯孑然独立，又多少次感触于《离骚》的悠悠爱国深情而无法自拔；"天下兴亡，匹夫有责"，范仲淹的"舍己为天下苍生"，令人尊重；鲁迅先生"血荐轩辕"的担当，赋予了他以生命做匕首、作投枪的勇气；那个站在长城一角感怀涕零吟诵着"前无古人，后无来者"的陈子昂又何尝不让人肃然起敬？"人生自古谁无死，留取丹心照汗青"，生动刻画了历代仁人志士勇担重任的无私奉献精神，"为有牺牲多壮志，敢教日月换新天"，一代伟人的豪言壮语，淋漓尽致地勾勒了担当的力量。他们是伟大的，因为他们担当起了自己的爱国使命。因为担当，所以奉献，因为奉献，所以他们的芳名永存。学会担当，让生命放光。

因此，孔子曾经这样论述：如果一个人整天只想着自己，那么这个人就不可能成为真正的君子。是的，如果我们只想着自己的小家庭，只想着自己的小世界，而没有对大家庭有所担当，没有对社会做出贡献，自身的价值必会贬值，必会随着历史长河奔涌而消逝。

担当是一种进取。无数的例子表明，无论是工作还是生活，勇于负责的人最终都会得到人们的赞赏。所以，一个人要想实现自己的理想，首先就要端正自己的思想，对自己所做的事保持清醒的认识，一开始就要秉承负责到底的精神，努力培养自己良好的品质，这才是成功者应有的心态。也只有这样，在你最需要的时候，才会有人站出来为你说话，助你一臂之力。

做人要敢于担当。人生无论贫穷还是富有，尊贵还是低贱，都有自己的那份担当。勇于担当，生命才会更有意义。成熟不是看你的年龄有多大，而是看你能担起多大的责任。敢于担当，才能赢得别人的敬重与关怀，赢得别人的认同与信赖。英雄因为担当而伟大，君子因为担当而崇高。

第七章　路是脚踏出来的

　　世上本没有路，但是走的人多了，也便成了路。这是鲁迅先生对于开拓的一种别样的诠释吧。人生不会是顺风顺水的，也不可能永远走在康庄大道上，偶尔的，我们必须要走出自己的一条道路。路要走，要大胆地走，要小心地走，要坚定地走。

一切从小事做起

人们总是不缺乏宏大的理想，但是却总是忘记一切应该从小事做起。有些人不注重仪表，穿着马马虎虎，但是却给自己一个美评叫做"不拘小节"，有些人做事丢三落四，不思改进却认为这是天性率真。还有些人总觉得自己应该是一个了不起的人，就更不屑于做一些看起来不起眼，影响也不大的事情了。

小事真的不重要吗？如果我们的志向是考一所名牌大学，那么我们是不是必须每一天都好好学习？如果我们想在职场上有所提升，是不是得认认真真地做好每一件看起来小小的烦琐的事？如果我们希望自己有一个健康的身体，是不是要经常锻炼身体，注重自己哪怕小小的生活习惯呢？每一个大的目标，都是由一些小小的事组成的，没有这些小小的付出，那么那个大大的目标就如空中楼阁，没有基础。所以说，小事不小，小事中蕴含着大道理。俗语说"一滴水，可以折射整个太阳"，日常工作中同样如此，看似琐碎，不足挂齿的事情比比皆是，如果你对工作中的这些小事轻视怠慢，敷衍了事，到最后就会"一着不慎"而失掉整个胜局。所以每个人在处理小事时，都应当引起重视。

人生是一本书，那么我们生活的点滴就是书中的字符，记录着我们奋斗与拼搏；如果说，人生是一首歌，那么我们生命的点滴就是歌中的音符，唱出了我们的痛苦与欢乐。从我做起，从点滴做起，就是让每个字符都充满激情，让每个音符都填充荣耀，那样，这本书就不会随着岁月的老去而泛黄，这首歌就不会伴着时间的流逝而淡忘。

点滴之间自然充满着枯燥，而且需要极大的恒心和耐力，很多人在谈到瑰丽的理想时，总是充满着幻想和期盼，但是落实到理想之路时，却又产生了畏难的心理。有人对一只小闹钟说："你一年要重复不停地'嘀嗒'三千多万次，你能忍受这种枯燥乏味的生活吗？"小闹钟听后十分沮丧。一只老怀表对小闹钟说："不要只想着一年怎么'嘀嗒'三千多万次，只要坚持每秒'嘀嗒'一次就行了。"于是，小闹钟按照老怀表说的去做。一年过去了，小闹钟顺利完成了"嘀嗒"三千多万次的任务，变得更加成熟和坚强。所以，埋头去做就行了，如果随时随地都想着这样做有多辛苦，多么无聊，那事情就会变得很艰难，最后，半途而废的可能性就大起来了。

人生在点滴之间绽放精彩，生命在点滴之间突显厚重，学识在点滴之间体味渊博，事业在点滴之间获得成功。有人说点滴之间过于平淡，但抗不住琐事的干扰，经受不起平凡的磨砺，急功近利，追名逐利，是断然无法到达价值的平台，走向更高的起点。有人说点滴之间缺乏力量，但绳锯木断、水滴石穿，在绳与水滴锲而不舍、坚持不懈的重复之中，释放震撼的力量。

要想把每一件事情真正做到无懈可击，就必须从小事做起，付出你的热情和努力。士兵每天做的工作就是队列训练、战术操练、巡逻排查、擦拭枪械等小事；饭店服务员每天的工作就是对顾客微笑、回答顾客的提问、整理清扫房间、细心服务等小事；公司中你每天所做的事可能就是接听电话、整理文件、绘制图表之类的小事。但是，我们如果能很好地完成这些小事，没准将来你就可能是军队中的将领、饭店的总经理、公司的老总。反之，你如果对此感到乏味、厌倦不已，始终提不起精神，或者因此敷衍应付差事，勉强应对工作，将一切都推到"英雄无用武之地"的借口，那么你现在的位置也会岌岌可危，在小事上都不可能胜任，何谈在大事上"大显身手"呢。没有做好"小事"态度和能力，做好"大事"只会成为"无本之木，无源之水"，根本成不了气候。

乔布斯的成功提醒了许多有着"一举成名天下知"梦想的年轻人，他们想做一两件轰轰烈烈的"大事情"，让自己一下子取得成功，这不是坏事，但是，只想做大事情，不愿意做小事甚至对小事不屑一顾，却是一种极不好的心态。现在的我们当中又有多少人能不折不扣地去落实"从小事做起"呢？做好小事才能成就大事，这个道理每个人都懂，只是缺乏执着于小事的恒心。

法国银行大王恰科想必大家都知道，他也是一位像乔布斯一样成功的领导者，他们有什么相似之处呢？我们来看看恰科的一个故事。

恰科年轻时，到一家银行去谋职，可是，一见面就被董事长拒绝了。当他失魂落魄地从银行走出时，看见银行大门前的地面上有一根大头针，便弯腰把它拾了起来。第二天，银行录用恰科的通知书出乎意料地来了。原来，就在他弯腰拾大头针的时候，被董事长看见了，董事长认为如此细心的人，很适合当银行的职员，小事看本色，于是决定雇用他。恰科因此得以在法国银行界施展拳脚，成就了一番大事业。

"小事情"虽小，抓实了就不小，抓好了就是大事业。拾起地上的一根大头针是件微不足道的事，而恰被董事长看见也属偶然，但是，就是这件微不足道的小事，体现了一种严肃认真的态度和一丝不苟的精神。我们所从事的事业，是由千千万万的"小事情"组成的，没有"小事做好，实事做实"的态度，就只能是空谈。

这就是小事，很多小事，一个人能做，另外的人也能做。要想比别人优秀，只有在每一件小事上比功夫。如同乔布斯一样，斯卡利表示："乔布斯对产品的要求之一是：注重产品的每一个小的环节，这些细节包括产品设计、软件、硬件、系统运行、应用程序和外围产品，等等。对于产品营销、设计及其他事务，乔布斯都会参与其中。"恰科和乔布斯就是这样认真对待每件小事，而且注重在细节中找到机会，从而使自己走上成功之路。

列宁说："要成就一件大事业，必须从小事做起。"鲁迅说："巨大的建筑，总是一木一石叠起来的，我们何妨做这一木一石呢？"这些至理名言，对我们都有很大启示。若想在工作、生活中取得成就，就必须从大处着眼，从小处入手，从点滴做起。

工作的美丽，不在于获得多少报酬，而在于体现自己的人生价值；奉献的快乐，不在于经历多少辛酸，而在于用自己的智慧和汗水，把最平凡的事情做到极致、做成精品。但是，往往我们太多地关注结果，而忽视了生命的过程，忘记了成功的艰辛。蹉跎岁月，也许会逐渐被人遗忘；人生舞台，也许没有绚丽的鲜花和掌声；崎岖的道路，也许坎坷林立荆棘丛生，但是只要我们善于完善每一个细节，把握住每一个小机遇，成功迈好每一小步，就会筑就事业的辉煌。从细微处开始，从点滴事做起，专心致志，全力以赴，寻求突破，你将挥别失败与痛苦，笑迎成功与欢乐！

"泰山不拒细壤，故能成其高；江海不择细流，故能就其深"。品味点滴，从平凡的小事做起，生活会更加充实；注重点滴，从工作的标准入手，个人能力会更加出色；把握点滴，从成败的起因着眼，用勤劳和汗水浇灌成功的树苗，用智慧和勇气迎接我们的美好未来。

敢想不如敢干

在一些人生的重大关头的时候，我们常常听到这样一句话："三思而行"，意思就是说，做出决定之前一定要考虑周全，反复权衡，最后才做出最有利于自己的决定。我们需要深思熟虑，但我们不要优柔寡断《论语·公冶长第五》中曾经说"季文子三思而后行。但是孔子听说后却说："再，斯可矣。"也就是说，季文子是一个三思而后行的人，好像很深谋远虑的样子，但是孔子却不以为然，孔子的看法是，想什么事情想两则就可以了，再多思考就落入优柔寡断了。

所以，做什么事情并非考虑越多越好，表面看起来考虑得多就会精细，但是如果过度的考虑，往往更会感知到事情的困难面，反而缩手缩脚，做不成事。有时候把复杂的事情简单化反而是解决问题的捷径，而想得太多，无法决断不但办不成事，反而致祸。

春申君做楚国宰相二十多年的时候，楚考烈王还没有子嗣，春申君为此很是焦急，想了很多方法，还是没能奏效。这时有个叫李园的赵国人，想把美丽的妹妹进献给楚王，听到楚王不会生育，又怕妹妹今后失宠，就投靠了春申君，先将妹妹进献给春申君。

春申君非常宠幸李园的妹妹，没过多久，这女子便怀孕了。李园便与妹妹合计今后的布置，于是李园的妹妹趁机劝说春申君："楚王没有儿子，假如百年之后另立兄弟，你还会是相国吗？我如今怀有身孕，假如您趁机将我进给楚王，日后我若生下儿子，便是楚王，那到时候您便是楚王的亲生父亲，整个王国都是您的！"春申君完全同意她的意见。

于是春申君找了一个时机向楚考烈王引荐李园的妹妹李嫣，楚考烈王把李嫣召进宫来，一看果真美艳惊人，便收为嫔妃，溺爱有加。没多久，李嫣生了一个男孩，这男孩被立为太子，于是李嫣被封为王后，李园也被楚王重用，参与政事。李园怕春申君泄露太子生育的机密，就暗地里收购亡命之徒，想要杀死春申君来灭口。这件事连老百姓都有晓得内情的，只要春申君和楚王还蒙在鼓里。

楚考烈王二十六年（前239），春申君任宰相的第二十五年，楚考烈王病重。门客朱英对春申君说："世有毋望之福，又有毋望之祸。今君处毋望之世，事毋望之主，安能够无毋望之人乎？"意义是：世上有意想不到的福气，又有预料不到的灾害。往常您处在难以意料的世上，侍奉事难以意料的国君，又怎样能没有预料不到而来协助您的人呢？

春申君不解，朱英就解释说："您任楚国宰相二十多年了，固然名义上是宰相，实际上就是楚王。如今楚王病重，死在旦夕，您就要辅佐幼主，因此代他执掌国政，好像伊尹、周公一样，国君长大了再把政权还给他，这不就是您表面称王而占有楚国吗？这就是意想不到的福气。李园不掌政权却是您的仇敌，不治兵却早就在收购亡命之徒了。楚王一逝世，李园必定先入宫夺权并杀掉您来灭口。这就是预料不到灾害。"

春申君接着问道："什么是预料不到而来的人？"朱英答复说："您布置我做郎中，楚王一逝世，李园必定抢先入宫，我替您杀掉李园。这就是预料不到而来协助您的人。"春申君听了后说："您放弃这种想法吧。李园是个脆弱的人，我又和他很友好，况且又怎样能到这种地步呢！"朱英晓得本人的话不会被采用，惧怕灾害殃及本身，就逃离了。

十七天后，楚考烈王逝世，李园果真抢先入宫，让亡命之徒潜伏在宫门内。春申君一进入宫门，亡命之徒从两侧夹攻刺杀春申君，斩下他的头，把它抛到宫门之外。同时派官吏把春申君家满门抄斩。而李园的妹妹当初受春申君宠幸而怀孕、后又入宫得宠于楚考烈王所生的那个儿子就登位，这就是楚幽王。

楚幽王十年（前228），楚幽王捍卒，弟犹即立，是为楚哀王。两个月后，太后与春申君当年内情被公开披露，楚考烈王弟负刍以此为口实发起政变，杀哀王及太后，灭李园一家，自立为王。负刍王四年（前224），秦始皇派王翦率六十万大军平楚。负刍王五年（前223），负刍被俘。——春申君死后楚国大乱，仅仅16年，楚国沦亡！

在战国四公子中，春申君的结局是最为凄惨的。一国之相，竟被小人控制，寿终正寝，抄家灭族，负了一世英名，为天下笑。为什么？

世界充满了不确定的因素，这些不确定就是风险。决策即是选择主动承担某种风险、规避另一种风险……做人做事拿不定主意，那是权衡不了风险。犹豫不决、优柔寡断、亦步亦趋、歧路彷徨、不知所措……这样做的人不知道，不决策是最大的风险。成功是由无数次失败组成的……做事不要优柔寡断，不要怕失败。不主动承担一种风险，面临的是承担所有风险！做人不要首鼠两端，不要怕犯错误，不犯错误，怎么知道哪是正确呢？

做人不要首鼠两端，做事不要优柔寡断，率性而行，真我展现，任山风吹破屋瓦，我心自岿然不动……是修炼。生活也绝不会可怜懦夫。相反，好运往往降落在那些笑对失败的勇者的头上。但凡历史上有所成就的伟大人物，都是笑着面对失败和挫折的。他们以乐观的精神战胜了使一般人畏惧不前的困难。

要一点"一根筋"

从前，有一个人到沙漠里挖井，在烈日、飞沙折磨下，掘地十米，可是，比金子更宝贵的泉水并没有冒出来。在如此恶劣的环境里，他已经苦干了十天，使出了全力，他觉得已经没有力气继续挖掘下去，而且认为挖了十米，这里没有泉水，于是，抖抖灰尘，连铁镐也不要，径直回家了。几天后，又来了一个挖井人，他在上述挖井人的基础上继续挖掘，他认为已经挖掘了这么深，再挖几米，应该会挖到水了。果然，他再挖三尺，泉水就汩汩地冒出来。

只要功夫深，铁棒磨成针，但是常常是这样，我们自己为聪明，而从不喜欢干"傻事"。其实这样的聪明是小聪明，是大糊涂。人生没有一点执着，没有一点一根筋是根本办不成任何事情的。如果仅凭着自己的小聪明，只做举手之劳的事，而对于需要下苦功，流汗水的事，不是敷衍了事，就是想走捷径。哪有那么容易的事呢？"欲求生富贵，须下死功夫"，古人早有明训。

做任何一件事情都必须执著，一门心思地做下去，抱着不达目的不罢休的态度，不管这件事情有多么的困难，都会有成功的那么一天。这种想法谁都知道是正确的，但在真正执行的过程中，需要真正的耐心，恐怕只有那些一根筋的人才会做得更好。在《阿甘正传》中，阿甘可以说是不折不扣的低智能人士，由于天赋的原因，他甚至连普通的小学都不能上，但是就是凭着他的执著劲，凭着他的一根筋。在校园里成为橄榄球明星；在丛林中他救出一个又一个战友，成了战斗英雄；在商业领域，他成为最成功的商人之一。甚至有一回，当他在美国东西海岸长跑的时候，一大群人追随着他，没人知道他为什么跑。有的人把他当作精神的象征，有的人把他当作人权的勇士。有个记者问他是为什么跑？是为了人权吗？为了环保吗？在很多人眼中，任何事情必须有一个目的，而且必须有一个高尚的目的，但是他们永远领略不到阿甘的纯粹。这也是阿甘能够心无旁骛，做好每一件事情的原因。人们认为阿甘是傻子，是一根筋，其实到底谁傻呢？

有时候，事情并不像我们想的那样难，最缺乏的往往是坚持。执著而坦然的做任何事情，总会带给我们意外的效果。比如：无盐是春秋时一个奇丑无比的女人，长相丑陋不堪，生得臼头深目，长指大节，卯鼻结喉，肥项少发，折腰出胸，皮肤如漆。令人望而却步，年过四十，不但流离失所，甚至无容身之处。她本来有个名字叫钟离春，因生得太丑，又出生在无盐，大家就把她叫做"无盐"，反而忘记了她的本来姓名。

虽然生得丑，但她是一个聪明有远见的人。

春秋战国时代，兼并侵扰，此起彼落，用现在话说是"竞争激烈"，各国的"民本思想"就都十分盛行，一个黎民百姓，也可以毫无顾忌地求见国君，陈述自己的愿望，对国家施政方针提出建议。有一天，无盐也鼓足勇气，前往临淄求见齐宣王。

邻人得知她要见齐宣王，劝说道："你也不看看你的相子，最好别去，去了也被赶出来。"

无盐女说："我不但要去，还要成为齐宣王的夫人。"

对于她的想法，邻人嗤之以鼻。

无盐见到齐宣王，大言不惭地说："倾慕大王美德，愿执箕帚，听从差遣！"

齐宣王后宫国色天香的佳丽比比皆是，更不缺执役人等，听了无盐的话，看着眼前这个丑陋的女人，竟然异想天开，不自量力，禁不住哈哈大笑。

不料无盐却镇静自若，一本正经地连说：“危险啊！危险啊！”

齐宣王半是玩笑半是认真地说：“你说危险，那是什么啊？愿闻其详。”

于是无盐慢条斯理，侃侃道来：“秦楚环伺齐国，虎视眈眈，而齐国内政不修，忠奸不辨，太子不立，众子不教，齐王你专务嬉戏，声色犬马，这是第一件可忧虑的事情；兴筑渐台，高耸入云，饰以彩缎丝绢，缀以黄金珠玉，玩物丧志，利令智昏，这是第二件可忧虑的事情；贤良逃匿山林，谄谀环伺左右，谏者不得通入，谠论难得听闻，这是第三件可忧虑的事情；花天酒地，夜以继日，女乐俳优，充斥宫掖，外不修诸侯之礼，内不秉国家之治，这是第四件可忧虑的事情。危机四伏，已是危险之至！”

齐宣王首先还是要听不听，渐渐地目瞪口呆，无盐说完之后良久才虔敬地说道：“得聆教言，犹如暮鼓晨钟，如果我今后还有一点点进步，皆君所赐。”

刹那之间，齐宣王一惊而悟，即刻下令拆除渐台，罢去女乐，斥退谄佞，摒弃浮华，然后励精图治，从此齐国国势蒸蒸日上。无盐也成了齐宣王的王后。

由此可见，没有这种做事一根筋，不达目的不罢休的心态，无盐女不会获得成功。在现实生活中，很多人缺少这种做事的心态，所以才会事事半途而废。所以，要想成大事，必须学习有些人做事一根筋的态度。

做人做事有一点“一根筋”，不按常人的思路前进，而是沉迷于一处，执迷不悟，一股劲地钻下去……这样的人，内心的激情像炉中的一团火，时常呼呼地燃烧着。所以，在常人看来，他们简直是异想天开的幻想家，甚至是疯子……但凡古今中外的成功者往往偏执。偏执的程度如何，也决定着成果的大小。顶级的成功者，往往是偏执狂。

英特尔的总裁安迪·格鲁夫在办公桌玻璃板下压了一张字条："唯有偏执狂才能生存"。这句话不仅是他的座右铭，更成为英特尔日常工作中不折不扣的格言。

当然，我们说做人要有一点"一根筋"，不等于刚愎自用，不等于一切以自我意识为主，不等于偏激、偏见狂和极端，指的是耐得住寂寞为信念前进的自律自信的坚持精神。

逆水行舟，不进则退

清末学者梁启超在《莅山西票商欢迎会学说词》中说："夫旧而能守，斯亦已矣！然鄙人以为人之处于世也，如逆水行舟，不进则退。"他提到的是一种自然的现象。逆江而上的船只，如果动力不足，船不但不会前进，反而会向后退。因为江水是流动的，你很难和江水的速度保持一个平衡，所以一只在船在逆流中几乎无法保持平衡，不是动力大，船往前进，就是动力小，船往后退。人生其实也一样。

我们都在追求美好的生活，可是世界总是在变化，生活也不会一成不变。我们就如一条小河行在人生的激流里，如果我们不去追求，安于现状，表面上我们没什么损失，实际上相对于世界来说，我们倒退了。体现在生活中最简单的一个道理：物价总在涨，如果你的事业带来的收益涨不过物价，即便你的收入本身没有减少，甚至还有所增加，那你的生活质量也会降下来。在事业上也是如此，如果你不足够努力，在任何单位部门都抱着一种知足常乐的心态，那么，你周围的人将会超越你，而且没有任何人愿意坐下来等你。五年，十年，你曾经的下属如今变成了上司，也许你的职位没有变，但是你在公司的价值却倒退了下来。

革命家董必武因此说："逆水行舟用力撑，一篙松劲退千寻；古云此日足可惜，吾辈更应惜秒阴"。如果一个人总是裹足不前，就像王安石笔下的方仲永，即便天赋了得，但是不加强学习，他的才华就会逐渐倒退，最后泯然众人矣。人的一生充满了逆水行舟的道理。在困难面前你若怯懦，生活就会流水一样将你漂落下，停则退也。又好比箭在弦上，一发不可收势。在人生的舞台，我们要不断学习，不断充实自己，不断提升自己以迎接未来的种种挑战。而不知道这个道理，或许当你省悟的时候才发现岸离自己太远。

南朝的江淹，字文通，他年轻的时候，就成为一个鼎鼎有名的文学家，他的诗和文章在当时获得极高的评价。可是，当他年纪渐渐大了以后，他的文章不但没有以前写得好了，而且退步不少。他的诗写出来平淡无奇；而且提笔吟哦好久，依旧写不出一个字来，偶尔灵感来了；诗写出来了，但文句枯涩，内容平淡得一无可取。于是就有人传说，有一次江淹乘船停在禅灵寺的河边，梦见一个自称叫张景阳的人；向他讨还一匹绸缎，他就从怀中掏出几尺绸缎还他。因此，他的文章以后便不精彩了。又有人传说；有一次江淹在冶亭中睡午觉；梦见一个自称郭璞的人，走到他的身边，向他索笔，对他说："文通兄，我有一支笔在你那儿已经很久了，现在应该可以还给我了吧！"江淹听了，就顺手从怀里取出一支五色笔来还他。据说从此以后，江淹就文思枯竭，再也写不出什么好的文章了。

其实并不是江淹的才华已经用完了，而是他当官以后，一方面由于政务繁忙，另一方面也由于仕途得意，无须自己动笔，劳心费力，就不再动笔了。久而久之，文章自然会逐渐逊色，缺乏才气。

袁绍死后，其子袁谭、袁尚兄弟二人发生内讧，以致兵戎相见。袁谭兵败，派人来假意归附曹操，并约曹操一同攻打袁尚，然后自己再从中取事。此时，曹操正在率领大军讨伐刘表。是继续征讨刘表，还是舍刘表去帮袁谭进攻袁尚，曹操的谋士们意见不一。谋士荀攸说："刘表胸无大志，坐保荆州，安于现状，不思进取。袁氏兄弟拥有军队几十万人，倘若二袁同心协力，以后是谁的天下还说不清楚呢！现在正好趁他们兄弟失和，先打败袁尚，再消灭袁谭，则我们统一北方、扫平天下就具备了坚实的基础。机遇难得，千万不可以丧失啊！"曹操觉得荀攸讲得在理，就从荆州撤兵北去冀州攻打二袁。

曹操统兵北去后，刘备连忙从新野赶到荆州，他对刘表说："曹操大军进攻冀州去了，许都是一座不设防的空城，如果我们荆州大军进攻许都，一定会成就一番大事业。"刘表回答说："我拥有荆州九郡，已经十分知足了，哪里还有其他奢求呢？"后来，曹操平定了北方，就率领得胜之兵大举南下，迅速占领了荆州。

在烽烟四起的三国时代，一着不慎身败名裂，可以说是一个危机四伏的年代，生存竞争又是何等激烈？但是，就有人不识大体，不团结，勾结敌人进攻自己的兄长。而另一些人却满足于眼前的成就，连他的对手都看不起他。这些人最后都成了历史的淘汰者。这也是不知道逆水行舟的道理所致吧。

人生如逆水行舟，不进则退。运动是绝对的、永恒的；静止是相对的、暂时的。先哲说，人不可能两次踏进同一条河流。当今世界，变化之大，变化之快，远远超出人们的想象。在这飞速变化的世界里，优胜劣汰、适者生存成为铁律。竞争、竞争、竞争，这是时代的最强音。每一个人，不管你愿意不愿意，自觉不自觉，都毫无例外地置身于竞争的氛围之中。面对竞争，有的人努力拼搏，迎接挑战；有的人安于现状，不思进取；有的人畏首畏尾，诚惶诚恐；还有的人麻木不仁，无动于衷。特别是那些安于现状的人，自认为基础不错，优势不少，自我感觉良好，安心安意睡大觉。结果一觉醒来，已被别人远远地甩在后面，再怎么追也追不上去了。不进则退，慢进也是退。别人在加速前进，你原地不动，或者小步前进，相对别人就是在退步，你就迟早会被淘汰出局。

人生也如棋局，一着不慎满盘皆输。象棋里过了河的小卒，虽然很不起眼，一次也只能走一步，可是，在那么多棋子里，只有它是不能后退的！它天生的使命就是前进，前进！即使死也在所不惜。我们的一生何其短暂，如果都有过了河的卒子般的勇气，总有一天，我们会对着帅吼出一生最荡气回肠的声音："将！"

历史不能由铅笔书写，写错了不是可以用橡皮擦得掉的，因此每个人都应设计好自己的人生！无论你从事哪一种行业，身处何等境域之中，如果你不要求进步，不愿付出努力，最终你一定会被淘汰。物竞天择，适者生存。

摸着石头也要过河

有一句民谚叫做"摸着石头过河"，就是说，人要有冒险的精神，而不是要等到万事俱备，甚至连东风也如约而来时才开始行动。生命对每一个人来说都是一条未知的河，一个人要泅过一条未知的河，在没有前人给出经验，没有船也没有桥的情况下，如何能分清这条河哪个地方水深，哪个地方水浅，水深的地方有可能淹死人，而水浅的地方人能够淌水过。怎么办呢？是等待、放弃还是试探？其实，即便我们事先不知道这条河详细情况，也能以身试水摸索着河里的石头，以较为保守的甚至原始的方法逐步摸清情况并想办法过河。

人生怎么可能没有困难，又怎么可能事事已经预料到？所以，我们要有"摸着石头过河"的精神。不要害怕未知，通过探索，我们可以把未知变成已知，也不要惧怕困难，所有的困难最怕的是你征服它。做人一定要有冒险精神。就好比在你面前摆着一个梨一样，此时谁也不能告诉你它是否有毒。如果你想知道梨是什么味道的话，那么你就得鼓起自己的勇气，勇敢地去冒一回险，亲自去尝一口那一个梨。这样你便知道梨是什么味道的了。在过去的 80 年代，在那个年代里人们常常说到这么一句话。"胆子大吃个够。胆子小吃不到"：这话说得一点都不错。其实不管在哪一个时代都一样。机遇对于我们每一个人来说都是平等的，只是有些时候我们不敢去冒险，不敢去争取罢了。

他们都具有大无畏的英雄气概，勇于冒险的豪迈性格，以及坚忍不拔的坚强毅力和敢于创新、敢于牺牲的高尚精神。敢于冒险，敢于孤注一掷，是历史上任何一位意志坚强者打天下、创基业的法宝。有史以来，通过各种各样斗争取得天下的君王，几乎都是英明之主，因为他们经过冒险，经过考验。而那些世袭祖业的君王，除了极少数能在文治武功上有特殊成就的人以外，大都是些平淡无奇、庸俗不堪的昏庸之人。

要做一个开拓者，就不能不面对各种新的问题，新的挑战。因为你是开拓者，在你之间从未有人尝试征服这片领域，这个时候，你只能有一个办法就是冒险，你只能有一种精神就是"摸着石头过河"。徐霞客没有什么旅游手册，甚至连根手电都没有，但是他能够踏遍三山五岳，留下旷世名著《徐霞客游记》，如果他要持着保守的精神，那么他首行就要有一位行过天下的导游，但，如果有这么一位导游，那么徐霞客就会默默无闻，而留传后世的必然是导游日记。哥伦布从欧洲出发，向西寻找东方之前，从未有人成功证明过这样做的可行性，但是出于对科学的信任，他出发了。虽然他没有发现真正的东方，但他却为世界带来另一样巨大的贡献，那就是发现了新大陆。只要我们敢于踏出第一步，所有的付出都将会有回报。

有一些人既想生活在波澜不惊的古井里，又想生活中充满了精彩和成就。这是不现实的，如果选择奋斗，必然同时选择风雨。如果在各种各样的顾忌中生活，行事谨慎，凡事不越雷池一步，那么，你能赢得的只能是一时的平安而已，而不是一世的平安，实际上，一生的平安也需要一时的冒险，否则，生活逆水行舟，不进则退，即便你想求平安而不可得。其实没有人天生就大胆，即使像拿破仑这样的伟大人物，他的大胆也是在战场上培养起来的。他克服了自己的胆怯，因为他知道要成就伟业就必须勇敢，怯懦的人永远不可能取得比较大的成就。一个普通的人如果能够大胆就会完全改变他的形象。他就能够因此而树立起自己的威信，而要达到这样的目的其实只要采取大胆行动就可以了，不需要花费太大的周折，而这一切都是那样的简单，每人都是可以做到的。

或者可以说，人的一生会碰上很多机遇，但是机遇也不会是常常有的，没有哪次机遇来敲你的门时，会递上一张名片说"嘿，我是机遇，抓住我一定会赢"。很多时候，我们和机遇擦肩而过，除了我们对机遇的认识能力外，更主要的是因为我们的惰性心理。这样的我们从来不敢冒险，当机遇失去的时候，我们总是这样宽解自己："谁知道那是机遇呢？"的确如此，但是，如果我们有"摸着石头过河"的胆识，那么问题就可以迎刃而解。所以当机遇来临时我们必须要好好地去把握好机遇，好好地利用机遇，同时在关键时刻我们必须要懂得给自己创造机遇。也就是说做他人不能做，做他人不敢做。只有这样，我们所做每一件事的成功率才会更高。

没有一个人能够肯定自己的未来，谁知道自己的未来到底会怎样呢？未来对于我们来说太遥远了。在未来也许我们会成功，可以拥有属于自己的事业，可以拥有个人的别墅，私家车等。也可能同样家贫如洗，不但没有别墅，没有小车，有时甚至能不能维持生计还是个问题。未来就好比我们被关在一间黑屋子里一样，见不到阳光，摸不清方向。如果我们不想永远被关在黑屋子里的话，那么我们就得鼓起自己的勇气，自信十足的去冒一回险。勇敢地去打破黑屋子的门，好让自己能够见到阳光，得到自由。

做人要有冒险精神。切记，如果你想要成功，那么你就得行动起来。如果你是因害怕失败而不敢向前跨进的话，那么你虽遇不到失败，但是你也永远不会遇到成功。因为成功是永远属于那些敢于去行动以及具有冒险精神的人。

第八章　胆识是成功的法宝

　　胆怯退缩的确是人们生活中的一大障碍，是成长、成功道路上的绊脚石，那么，我们如何踢开这块绊脚石，勇往直前地走在成长、成熟、成功的道路上呢？

　　我们自己在认识到了胆怯、害羞、退缩对我们的学习和以后的工作、生活都将产生不良的影响之后，应该学会自助——帮助自己走出胆怯退缩的困扰，成为一个自信、独立、勇于迎接挑战和困难、善于抓住机遇、快乐轻松的人！

乐观者胜

　　有一次，一名新闻记者问大文豪萧伯纳："萧伯纳先生，请问乐观主义者和悲观主义者的区别何在？"

　　萧伯纳抚摸着他引以为自豪的胡须想了想，回答说："这很简单，假定桌上有一瓶只剩下一半的酒，看见这瓶酒的人如果高喊起来：'太好了！还有一半。'这就是乐观主义者；如果对着这瓶酒叹息：'糟糕！只剩下一半了。'那就是悲观主义者。"

　　生命的过程从来就不完美，因此要有乐观心态面对挫折。乐观是漫长黑夜里的一盏明灯，给你带来信心；乐观是广阔沙漠里的一片绿洲，带给你希望；乐观是隆冬里温暖的炭火，使你摆脱困境，勇敢面对挫折。乐观，支撑着失意之人走过生命的颠沛流离，陪着伤心愁苦之人走过生命中的大风大浪，他们终究会看见自己生命长河里彼岸开满的鲜花，也许不是大红大紫，但一定是五彩斑斓。人生需要的是坚定的信念和乐观的态度，豁达的胸襟，让过往的云烟都随风去吧，唯有嘴角的那一抹微笑，凝滞在生命最悲观的时候。

　　一个成功者，必须具有乐观的素质，因为生命好比无垠的大海，时而风平浪静，时而波涛翻滚，人生如同漂浮在海上的一叶孤舟，也经常会"樯倾楫摧"然而，纵使生活中有这些不尽人意，也要扬起乐观的风帆，乘风破浪，你才可以看到天边绚丽的彩虹，暮色时动人的霞光，渔歌唱晚般的美好。你才会看到那个港湾一直在等候你，生命如同未完待续的歌，时而低沉悠扬，时而激扬博发，你就是音乐家，用乐观的音符谱写人生的旋律。

　　美国前总统罗斯福就是一个乐观的人，一次，他的家中被盗，丢失了许多东西。一位朋友闻讯，忙写信安慰他，劝他不必太在意。罗斯福给朋友写了一封回信："亲爱的朋友，谢谢你来安慰我，我现在很平安，感谢生活。因为，第一，贼偷去的是我的东西，而没伤害我的生命；第二，贼只偷去我的部分东西，而不是全部；第三，最值得庆幸的是，做贼的是他，而不是我。"对于一般人来说，家中失窃总是件令人沮丧的事，但是，对于一位乐观的成功者，就能看到事情的许多方面，因此，能够很快调适自己的心态。

乐观与洒脱的人，才能领会生命逆流中的急湍是浩瀚人生大海中的波澜。"明月松间照，清泉石上流"的王维在失意的时候方能泼墨挥毫写下如此清润淡怡的小诗。

曹操乃一代枭雄，自有一番大气魄。他无论任何时候都对自己的前途充满信心，具有乐观主义精神。"青梅煮酒论英雄"，既是抒发他自己的抱负，又是对自己一生事业的宣言，可见他是一位胸怀远大理想、充满坚强信心的人物。

由于曹操相信自己的能力和前途，所以在众人悲观沮丧的困境中，他总是表现得异常乐观。他在朝任典军尉时，大将军何进与司隶校尉袁绍等谋诛宦官，商议不定，正紧锁眉头，他在一旁却鼓掌大笑，向何进等提出了自己的策略。董卓当朝时，王允等班阁旧臣有心图之，因无计可施而于席间压声而哭，曹操却在旁边抚掌大笑说："满朝公卿，夜哭到明、明哭到夜，还能哭死董卓否？"不仅如此，他还当即提出谋刺董卓的方案，随后又亲自去实施。在战场上，碰到军事失利的情况，他也并不悲观。曹操在濮阳被吕布打败后，伤势很重，众将拜伏问候，他却仰面大笑说："误中匹夫之计，我必当报之。"曹操与马超作战时，听说有羌兵两万前来帮助马超，他一反常情，闻报大喜，原来他是想到边远地区的敌人若汇聚一起，便于一举歼灭。他相信马超再强大，也终会为自己所败。赤壁之战是曹操最大的一次败仗，曹操损失惨重，仓皇逃跑，数次路过险峻之处，都在马上扬鞭大笑。曹操在战败之际的乐观态度，是对自己军队士气的鼓舞，是对士卒将帅慌恐情绪的镇定和安抚，是在长自己的志气！这种败而不馁的顽强性格，在一定程度上讲，是一种富有韬略的修养。

曹操这种乐观自信的精神直到晚年也未改变，他在总结自己一生的战绩时，向身边的大臣说道："如国家无孤一人，正不知几个称帝，几个称王。"他晚年作诗云："老骥伏枥，志在千里；烈士暮年，壮心不已。"表达了他永不衰竭的进取奋斗精神。

人性的乐观和悲观，其实主要还是自己的心态问题。就好像两种性格的人走进同一片森林，悲观的人可能会说这里蚊子太多，吵哄哄的，影响了他欣赏花草的雅兴；而乐观的人可能会说这里除了美丽的花草，还有蚊子在唱歌，真是太美妙了。如果两个人再走出这森林，悲观的人可能又会说无聊、郁闷和压抑之类的话了；而乐观的人就会觉得四周一片明亮，自己的内心世界豁然开朗。所以在同一环境下的两种不同心态的人，他们对事物的看法是不同的。

人活在这个世界上，不管是花草、是阳光、还是自己周围的人或事物，大家和平相处，互相共进退，这个世界还有什么不是美好的呢？当自己遇到困难挫折，只要不往死里钻牛角尖，再大的问题都是会解决的，悲叹是没用的了。保持一种乐观的心态，如果一种方法行不通，那么换一种方式，换一个心情，说不定会在另一局面上能让你有更大的惊喜，更大的成功。

敢于拍板

一位探险者在人烟稀少的加拿大西部雪地上行走时，突然被捕熊器牢牢地夹住了脚。更可怕的是，这一地区晚间温度会降到零下几十度，遇此绝境，要么被冻死，要么断脚逃命。经过慎重思考，他果断地选择了后者，"给自己截肢"。当做出选择后，他嘴里咬住帽子以防痛苦喊叫时咬伤舌头；他用血洗刀，权当消毒；他用衣服扎住小腿来止血；然后用锯齿刀锯断自己的腿骨。他终于将自己从捕熊夹中解救出来，用雪埋好断脚，以备以后能接上。他做完这些事后，开车走了150多公里才找到森林边上的一个医疗站，说明情况并告诉医生"我的脚还在雪地里"之后就瘫倒了。后来，他的脚并没有保住，但他智慧的选择却保住了生命。

这样的故事在中国有一个成语叫做壮士断腕，当人遇到一种两难选择的时候，必须要有选择的勇气，给自己一个正确的抉择。也就是说，关键的时刻，人要敢于拍板，不管是工作上还是生活上。人类生活、工作和事业发展中都充满了选择，就连逛一次动物园也会有选择。时间有限，不可能走完所有路线，此时怎么取舍？凡碰到岔路口，选择一个方向前进，一边走，一边选择，每选择一次，就放弃一次，当然也遗憾一次。但是这样会在有限的时间内，可以看到尽可能多的动物。如果不当机立断，你可能失去的更多。人生也是如此，左右为难的情形会时常出现，为了得到一半，必须放弃另一半。若过多地权衡，患得患失，其结果可能失去所有。

什么是魄力？魄力就是关键时刻敢于拍板的能力。敢于拍板也许不需要技术、知识，他需要的是魄力。是一种勇气，是对未来的一种信心。林彪打仗是很有名的，但是他很佩服粟裕。因为粟裕总是有百分之三十到四十的把握就敢于打仗。七战七捷都是在以弱胜强的基础之上的，都是敌我力量悬殊的基础上打胜的。而林彪作战强调谨慎，没有百分之八十的把握，不会开战。这也就容易浪费战机。这就是林彪佩服粟裕的原因。

袁绍却是一个反面教材。在官渡之战中，不断地犹豫、不断地浪费机会，最终，使曹操翻盘打败了袁绍。因为三儿子生病，就放弃最佳的战机。不断地犹豫，多谋而寡断。想得挺多，但就是不善于拍板。

这也是很多专家反而不能成事的原因。专家固然有过硬的专业知识，但是并不是所有专家都有良好的心理素质。因此，金融专家往往自己炒股会赔，而无双的谋士却做不到国君。相反历史上有许多文化并不高的人甚至能做到皇帝，其中一个关键的因素就是这些人敢为人所不能为。比如刘邦，他算不上什么学者，出身也不高贵，之前做过最大的官也不过就是一个亭长而已，但是，他既有胆识，也有谋略，因而能够在楚汉战争之后创立一个强盛的王朝，而他的一位将军韩信，固然是一个难得的军事天才，但是当刘邦猜疑他的时候，有人向他进言叫他自立为王，他却优柔寡断，最后暴死在吕后手中。按当时的形势，韩信完全有实力割据一方，但是他却不敢为，直到后来被夺了兵权，想有所图却也时过境迁，追悔已是莫及了。

很多时候，实际上没有多少时间让你犹豫不决，而遇到突发情况的时候，是最考验一个人决断能力的。当你不得不做决定的时候，就必须立即做出决定。而如何做出一个正确的决定，就完全取决于这个人的分析判断能力。而这些能力都来自平常的历练当中。

这个世上不缺聪明的人，但是具有魄力的人却不多。这个世上不缺具有专业水平的人，但是缺有魄力、有担当的人。把有百分之九十把握可能做成的事做成，不值得夸耀什么，能把百分之三十、四十把握可能做成的事情做成，那才叫伟大。

有些人说得很好听，夸夸其谈这件事应该怎样怎样做，不应该怎样怎样做。但是一到他拍板时，就傻眼了。因为他也不知道自己有几成把握。也不知道自己的方法到底有效没有。这类人正如一个算命先生，当三个马上要应试的秀才去他那里占卦的时候，他只竖起了一个指头。后来有人问他，如果这三个秀才只有一个考上了怎么办？他说，那就正好一个呀。人家又问，如果两个考上了怎么办呢？他说，那就有一个考不中呀。人家又问，如果全部考上了呢？他说，那就一起中了呀。最后，人家问，如果全部没考上呢？他说，那就一个也不中呀。有很多人就像这个算命先生一样取巧，把事情做得十拿十稳，进行一种投机的行为。但是生活中没有这么多可以投机的事情，事后诸葛亮并不高明，因为这不是一种有担当的行为，更缺乏一种拍板的能力。

魄力不仅仅是勇气、担当，还是一份责任，要为自己的决策，自己的魄力负责。作为有主见的人，就是要有魄力，最忌讳的就是犹豫不决、瞻前顾后。要善于拍板。要勇于负责。如果必须要做出一个选择，那就立即勇于做出一个选择。做事，我们需要的就是有远见的人，有魄力的人，我们也不需要事前不敢拍板，却又事后做诸葛亮的人。经常遇到一些人，事前不吭声，出现问题了就说：事前就觉得不对。既然事前就觉得不对，为什么不敢表达呢。害怕承担责任。从一定程度可以称之为懦夫。

当然，一个人要有拍板的能力，有决断。不过，这里面有个问题。如果不经考虑周详就做出的决断，那就是鲁莽，而非魄力。

关键时刻破釜沉舟

公元前一世纪，罗马的恺撒大帝统领他的军队抵达英格兰后，下定了绝不退却的决心。为了使士兵们知道他的决心，恺撒当着士兵们的面，将所有运载他们的船只全部焚毁。

但很多青年在开始做事的时候往往给自己留着一条后路，作为遭遇困难时的退路。这样怎么能够成就伟大的事业呢？

破釜沉舟的军队，才能决战制胜。同样，一个人无论做什么事，务必抱着绝无退路的决心，勇往直前，遇到任何困难、障碍都不能后退。如果立志不坚，时时准备知难而退，那就绝不会有成功的一日。

或许，我们都羡慕成功者拥有的财富和荣耀，但我们只看到了他们的成功，却很少有人关注他们在成功背后所付出的艰辛。对这些成功者来说，他们也曾遭遇过失败，经历过挫折，但与别人不同的是，他们从来不给自己留退路。

成功者是不喜欢给自己留后路的，因为退路只属于失败者。退路往往成为一个人退缩的理由，一旦事情有所不顺的时候，给自己留下后路的人总是在惦记自己还有一个选项，因而不愿意尽力坚持目前的事业。所以，一个人要想成功，就要切断自己的退路，因为没有退路，就只好尽自己最大的能力向着成功的方向前进，而任何一个人，一旦最大限度地发挥自己的能力去做一件事，那他成功的概率是非常大的。因而，从这个角度讲，没有任何退路可走的人是最容易走向成功的。也就是说，没有退路即有出路。

戴摩西尼是古希腊著名的演说家，他曾经花大力气训练自己的演说能力。为此，他总躲在一个地下室练习口才。但是，这种训练极其枯燥，由于耐不住寂寞，他时不时就想出去溜达溜达，心总也静不下来，练习的效果很差。无奈之下，他横下心，挥动剪刀把自己的头发剃去一半，变成了一个怪模怪样的"阴阳头"。这样一来，因为羞于见人，他只得彻底打消了出去玩的念头，一心一意地练口才，一连数月足不出室，演讲水平突飞猛进。经过一番顽强的努力，戴摩西尼最终成了世界闻名的大演说家。

专注是取得成功最重要的特质，只有心无旁骛、全神贯注，并且，持之以恒、锲而不舍地追逐既定的目标才有可能成功。但是，人人都有天生的惰性、有太多的欲望，要克服这些并不容易，于是也就难免战胜不了身心的倦怠，抵御不住世俗的诱惑。一些人因此半途而废，功亏一篑。那么，当惰性膨胀、欲望汹涌，追求的脚步踯躅不前时，应该怎么办呢？不妨学学戴摩西尼，他的办法固然有些极端，但唯其如此，才能管用。他剃掉了一半头发，就彻底斩断了向惰性和欲望妥协的退路。而一旦没有退路可逃，就只能一门心思地朝前奔了。断掉退路来逼着自己成功，是许多明智者的共同选择。

曹操的部将徐晃在和刘备军争夺汉中的战争中，陈兵汉水，他的副将问，如果部队渡过汉水，遇上什么急事需要撤退怎么办？于是徐晃想出了一个自作聪明的计策，搭起浮桥引兵渡行。然而就是这一条浮桥，断送了徐晃战胜的希望。黄忠、赵云左右夹攻，魏军战士因有退路而不思死战，纷纷被逼入汉水，死伤无数。韩信背水胜而徐晃背水败，其玄妙就在于徐晃为自己留了一条后路，将帅尚无誓死之心，兵士怎会安心作战呢？而在守街亭的战斗中，著名的"理论家"马谡不听诸葛亮之言，将士兵带到山上，而不是据于峡谷之中。他的理由是第一，居高临下，势如破竹，如果曹军过来，在峡谷中死斗会吃亏，如果从山上往下打，就会很占便宜。第二，他认为守峡谷是一种笨办法，因为那样简直没有退路，兵若败，不是上山就是后撤，还不如提前上山。如果，他丢了街亭，被斩了首级。"狭路相逢勇者胜"，马谡不明白诸葛亮这么布阵的真正用意，因此轻而易举地让对手看出破绽，对他采取围攻，火烧等战术。所以，他这叫聪明反被聪明误。

《孙子兵法》有云"投之亡地然而存，陷之死地而后生"，原本以死地来激发士气，却因一条退路，军士能战则战，不战则退，怎能不败。

象棋之中，兵卒一旦过了界河是不能回头的，它只可以前进、左冲、右突，唯一不能做的就是后撤。但是，有一句棋语说"卒子过河当小车"，可见这些不可后撤的卒子，虽然只是一步一步地往前推进，其威力也不可挡。而在象棋中，如果要擒对方将帅，往往都只能取得一时先机而胜，这种时间，往往是一往无前，斩断退路的，也就是说，这是一场不是你死就是我活的战斗，只有如此，棋手才能更好地运筹棋局，否则，如果一味守得自身安全了才进攻，是不可能赢得棋局的。

战场瞬息万变，生生日新月异，所谓成败，往往只在瞬间就决定了。不给自己留退路，就会将自己的信心与勇敢全部集中在前进的道路上，会竭尽全力、孤注一掷地不断前行。此时，任何困难都会被你踩在脚下，任何挫折都会被甩在身后。当你历经艰辛之后会发现：原来，成功就在自己眼前。

法国著名作家雨果创作的名著《巴黎圣母院》是一部脍炙人口的作品。但是，在他创作这部作品的期间却有一段令人回味的小故事。当时的雨果正全身心投入到写作之中，《巴黎圣母院》在他那犀利的笔尖的敲击下也即将完成。但是有一天，他的一个非常要好的朋友突然兴冲冲地跑去约他明天出国旅游，飞机票已经买好，雨果也是一个非常喜欢出国旅游的人，此时的他正面临着两难抉择的局面：一边是即将完成的作品，一边是异国那充满诱惑的风情文化。但是，在他朋友把这个消息传达给他然后离去的时候，雨果终于下定了决心。他把家里所有的衣橱都锁得死死的，然后把这些钥匙都扔到了家附近的小池塘里面。所以，他便由于没有比较得体的衣服穿而不可能出国旅游了，在做完这件事后他又跑到自己房间开始全身心投入写作了。不久之后，《巴黎圣母院》也在他用心良苦的创作下问世了，假如当初雨果禁受不住外国风情文化的诱惑，毅然跟朋友出国旅游，那么，他的创作灵感可能会由此而受到很大影响，他的名著也不可能享有如此高的地位了。所以，他这封死了自己所有退路的行为可以说为他的人生点亮了成功的光芒。他在不给自己的人生留下退路的同时，使得他的前方更加宽阔和绚丽。

虽然有另一句话叫做"退一步海阔天空"，但这句话适用于战争胶着状态和事业关键时期，大部分情况下，我们退是给了跟自己争取更有利的机动位置。但是短兵相接的时候再退，那就会一退千里，一败涂地。我们给自己的人生留下了退路，那么，我们前进的步伐便会变得不坚定，前进的动力也会减少了许多。所以，我们应该学着下定决心前进，不要给自己的人生留下退路，铺出属于自己的成功之路。我们要像石头下的小草一样，不后退，不畏缩，冲破了石头的阻碍，茁壮地成长；要像茧中的蛹一样向前奋进，破茧而出，化成美丽的蝴蝶，要像项羽一样，破釜沉舟，置之死地而后生。

勇于质疑

在竹林中，嫩笋破土而出后，总是会不断地冲破自己的外衣，一层又一层地丢在自己的脚下，直到它长成一棵粗壮的竹子。虽然每一层外衣都曾经为他遮风挡雨，是他身体的一部分，但是，也许正是这一种背叛才能成就生命的成长。正如儿子总是从无限崇拜父亲到无限质疑父亲，最后才能达到与父亲心心相通的境界。这一切都是一个过程。

同样的，我们就像那一棵棵竹笋，在知识的土壤中破土而出。很小的时候，我们有很多快乐，却只接触到很少的知识。那时候我不会想到比零还少的是什么，如果一道题的结果少于零，那么这道题肯定做错了。也不会知道三角形内角和有可能大于或小于180度，在我们知道的知识以外，一切都是错的。当我们进入初中之后，我们知道世界上还有一种数字叫负数，就好比我们本身没有钱，却借了别人的钱。这时候，回想小学的数学中的某些规则，就颇有今是而昨非之感。这样一直到大学，我们不断学习，不断否定过去的知识，同时也开始否认从前的一些观念。

人生到了某种阶段，或者知识积累到某个程度，总会遇到从前经验的阻碍，而这些经验往往是权威的，甚至看起来是不容置疑的，有些时候，这种置疑能给自身带来灭顶之灾，比如哥白尼对地心说的质疑。但是，即便如此，这种置疑也从未停止过。我们知道伽利略是17世纪意大利伟大的科学家，那时候，研究科学的人都信奉亚里士多德，把他说的话当作不容更改的真理。亚里士多德曾说过："两个铁球，一个10磅重，一个1磅重，同时从高处落下来，10磅重的一定先着地，速度是1磅重的10倍。"

这句话使伽利略产生了质疑。伽利略经过反复试验，结果证明，两个不同重量的铁球同时从高处落下来，总是同时着地。显然亚里士多德说的这句话错了。而在之前，亚里士多德是绝对的权威。

有时候，我们会不自觉地迷信权威。当然这是证明观点最有效，最省时，最直接的方式。如果不同意某个人的观点，我们只需搬出一个权威出来说，某某曾经这样说过，对方一般就无力反驳了。也许出于自知之明，任何一个人都不会擅自挑战权威，除非到了非挑战不可的地步。于是，一般情况下，对于某件事情，我们即便有什么看法，也不会直接提出来。比如，领导的一句话，即便有很大纰漏，但我们依然不会反驳。但是敢于大胆质疑的人还是有的，他们不是藐视权威，而是有自己的独特见解。

权威们的话并不总是对的，比如牛顿算是物理学权威了吧。但是他关于时间的观念却是不对的。在他看来，时间就像一条河流，无休无止，而爱因斯坦却将时间和空间联系了起来。孔子如此博学，却也回答不出辩日小儿的简单问题。以至于被讽笑道"孰为汝多知乎"。不管先贤有多么大的成就，他总是凡人，不可能是完全正确的上帝。再则，有些道理，在当时的条件下看起来就是对的，而到了当今，随着社会科学发展，就变成了谬误，这是一个历史的局限性。牛顿如果生在现代，当然不会认为时间是单向的，不可更改的。而孔子也会轻易回答出什么时候的太阳比较大。想通一点，那么万事万物都搬出古训圣言来吓人就非常可笑的。

人类社会的发展，本身就是一个不断置疑旧观念，不断树立新观念的过程。比如远古时代，人们认为天圆地方，我们处在天地的中央位置，因此中国人常常自称天朝子民。然后随着航海学的发展，证明我们错了。再则，古人常常认为鬼神是存在的，而在月球上有个倾城美貌的嫦娥和一个被罚砍树的吴刚，但是阿波罗的登月从科学上证明了这是个美丽的错误。就这样，很多常识性的东西被我们自己推翻，更别说那些算不上经典和常识的理论。比如两点之间线段最短，直观想象起来，那么从此点到彼点走直线一定最快，可是相对论不这么认为。而此时正确的观点，未必世世代代正确而不为新的观念推翻。

所以说，我们既不要迷信鬼神，更不要迷信权威。迷信鬼神最多让我们胆小怕事，好处是让我们不干出什么出格的事来，而迷信权威则让我们痴迷，愚昧，损失远远大于对于鬼神的迷信。

敢于置疑是上苍赋予一个人的宝贵品质，好好利用这一财富，你才可能脱颖而出，成为一位卓越的人，而如果内心迷信于权威，那么你只能活在权威的翅膀之下，永远也不能腾空高飞。

失败了也不要紧

世界上最不值得的事情就是因为摔过跤，而不敢站起来，更不敢奔跑。在马塞马拉草原和塞伦盖蒂草原之间有一条马拉河，河中鳄鱼成群，但是，每年都有一支迁徙大军从这里泅渡。在渡河的过程中，凶残的鳄鱼，湍急的水流，以及后方尾随而来的食肉猛兽都随时可能杀死这些角马和羚羊，但是当第一只角马踏入河流之中时，所有的角马都显得义无顾。前行有可能生，而后退却绝不能活。就算无数只角马死于河中，这场征服河流之战依然会继续进行下去。

人生也一样，每走一步都有挫折和失败等待着你。只有一步一步克服挫折、挑战挫折、享受挫折，才能找到生活的闪光点，享受成长中的每一面的精彩。人生变化莫测，它如同无边无际的大海，时而风平浪静，时而巨浪拍岸，在我的生活总会遇到过种种的荆棘坎坷。

谁不与挫折相伴？没有经过挫折的人生，是不完整的人生。没有经年累月的磨砺，宝剑就不能闪耀夺目的寒光，没有挫折的考验，也便没有不屈的人格。正是因为有了挫折，才有了勇士和懦夫之分。勇士勇敢面对挫折，乐于向挫折挑战，最终战胜挫折，取得新的胜利。而懦夫在挫折面前消极颓废，束手无策，最终向挫折投降，一事无成。

史蒂芬·霍金（Stephen Hawking）于 1942 年 1 月 8 日生于牛津，那一天刚好是伽利略逝世三百周年。可能因为他出生在第二次世界大战的时代，所以小时候对模型特别着迷。他十几岁时不但喜欢做模型飞机和轮船，还和学友制作了很多不同种类的战争游戏，反映出他研究和操控事物的渴望。这种渴望驱使他攻读博士学位，并在黑洞和宇宙论的研究上获得重大成就。

霍金十三、四岁时已下定决心要从事物理学和天文学的研究。十七岁那年，他考到了自然科学的奖学金，顺利入读牛津大学。学士毕业后他转到剑桥大学攻读博士，研究宇宙学。不久他发现自己患上了会导致肌肉萎缩的卢伽雷病。由于医生对此病束手无策，起初他打算放弃从事研究的理想，但后来病情恶化的速度减慢了，他便重拾心情，排除万难，从挫折中站起来，勇敢地面对这次的不幸，继续醉心研究。

20世纪70年代，他和彭罗斯证明了著名的奇性定理，并在1988年共同获得沃尔夫物理奖。他还证明了黑洞的面积不会随时间减少。1973年，他发现黑洞辐射的温度和其质量成反比，即黑洞会因为辐射而变小，但温度却会升高，最终会发生爆炸而消失。

20世纪80年代，他开始研究量子宇宙论。这时他的行动已经出现问题，后来由于得了肺炎而接受穿气管手术，使他从此再不能说话。后来他全身瘫痪，要靠电动轮椅代替双脚，不但说话和写字要靠电脑和语言合成器帮忙，连阅读也要别人替他把每页纸摊平在桌上，让他驱动著轮椅逐页去看。

霍金一生贡献于理论物理学的研究，被誉为当今最杰出的科学家之一。他的著作包括《时间简史》及《黑洞与婴儿宇宙以及相关文章》。虽然大家都觉得他非常不幸，但他在科学上的成就却是在他在病发后获得的。他凭着坚毅不屈的意志，战胜了疾病，创造了一个奇迹，也证明了残疾并非成功的障碍。

挫折是人生的教科书。一个人的可贵之处，并不是在生活的顺境中扬帆前进，而是身处逆境不甘沉沦。要在挫折中善于自处，要在挫折中勇于崛起。挫折确能磨炼人的意志，挫折确能开拓人的见解，挫折确能增加人的智慧。巴尔扎克说过："挫折和不幸，是天才的晋身之阶，是能人的无价之宝，是弱者的无底深渊。"

遇上挫折，失败了，其实也不要紧，因为它是大多数人取得成功的要素。但失败不是目标，它是一门需要努力学习的功课。而且，失败并不意味着失去一切，失去的东西将会以其他方式补偿给你。

首先失败可以让你重新认识自己，它还带来一次进行自我反省的机会。失败总会伴随着心灵的震动，而这种震动恰好能使你重新认识自己。可能你一直消沉颓废自己却根本没意识到其中的消极作用，失败的震动让你好好梳理自己的心情，调整好自己的状态；可能你骄傲自满，目空一切，不可一世，失败却像一瓢冷水将你从头淋到脚，让你好好反省。

其次，失败带给你宝贵的经验和教训，而经验和教训是失败送给我们最好的礼物，它们将成为成功的有利条件。有了这些经验和教训，在以后的生活中，我们可以少走许多弯路，节省了成功的成本，从另一个角度看，这又何尝不是一次成功呢？

作家林清玄说过："痛苦是产生智慧的根源。"失败带给我们的痛苦如同一剂强心针迫使我们反思，在思考中找到答案和方法。中国有句古语"福兮祸之所伏，祸兮福之所倚"，塞翁失马，焉之非福？

另外，失败也能激发你的勇气，磨炼你的意志。孟子说："生于忧患，死于安乐。"这句话不是没有道理的。一个人如果长期处于安逸舒适的环境中，勇气、意志、雄心就会被安乐的氛围逐渐磨掉，失去战斗力，一旦环境发生变化，常常不攻自破。人们必须随时注意磨炼自己的意志，激发自己的勇气。失败却能使你从安乐的状况中使自己的意志更加坚不可摧。勇气的激发和意志的磨炼只能在一次次具体行动中进行，失败就是考验你的时刻。

总之，失败并不可怕，失败了也不要紧，在哪里跌倒，就从那里爬起来。知耻而后勇，每一个人都要学会从失败中走出来，调整好自己的心态，化失败为成功的动力。不经历风雨，哪能见彩虹，永远相信阳光总在风雨后。

第九章　生存很需要智慧

　　早在 18 世纪，达尔文就提出了"物竞天择，适者生存""优胜劣汰"的观点。从生物学的角度说，这句话向我们提出了进化论；从哲学的角度说，这句话告诉我们人要学会拥有生存的智慧。

　　智慧是一粒种子，能让你收获粮仓；智慧是一丝清风，能让你乘风破浪；智慧是一捧清泉，能让你拥抱海洋；智慧是一缕阳光，能让你永远拥有太阳。

适应环境是生存秘诀

达尔文在《进化论》中提出一个观念，"物竞天择"。这个理论告诉我们，从来没有天注定这一回事，世界的生灵都是在竞争中生存的，优胜劣汰，只不通过不断的进化，不断地改变自己去适应环境，和周围的环境达成和谐，一个物种才能顺利地生存和繁衍下去，而那些与环境不太适应的物种已经永远消失在我们的世界里。

自然界中的生物是从水生到陆生的，当水中的动物希望占领美丽的大陆做了栖息地时，首先要解决的就是呼吸方式，一代又一代的海洋生物在漫长的痛苦的征服过程中，逐渐改变了自己的呼吸方式，由腮转变为肺，最后又进化出四肢，这样整个大陆就属于它们的了。但是这种进化的过程中，它们改变过环境吗？如果把它们本身看着是环境的一部分，也许改变了，但是它们却不以改变环境为进化的出发点，而是以调适自己的机能，并通过遗传的密码把这些改变永远的流传下去。

的确，人类有改变环境的能力，但是适应环境却是首要的任务。如果一味地去改变环境，最后遭受到灭顶之灾的不仅仅是人类本身，而是地球上的所有生灵。虽然说"人定胜天"，实际上人胜不了天，人类如果战胜不了自己的欲望，不去适应环境，而是无休止地改变环境，那么不但胜不了天，连人类本身是否存在也是个问题。所以，人类现在提倡绿色生活，坚持可持续发展，正是因人类知道适应环境比战胜环境重要。千万年来，动物与人类都在为生存而战。如果想不被淘汰，就必须改变自己的方式，适应不断变化的生存环境。

多数时候，环境是我们无法选择的，我们没法选择住在月球上，而必须选择住在地球，我们也许可以选择邻居，但没法选择周围的每一个人。所以，人不可能完全生活在自己的意愿之中，只能是生活在对环境的适应之中。

一个聪明的人，首先是一个适应性很强的人，而不是企图改变环境和他人的人。人的生命就是不断地适应与再适应。许多人去西藏旅游，刚下飞机，因为高原缺氧而头晕头疼，恶心呕吐，但过不了几天，一切就正常了，因为他已经适应了这里的环境。因此，时间是最好的教练，教会我们适应一切环境的能力和本领。

如果一个人先天的条件不错，学业也优异，但是进入社会后，与社会格格不入，搞不好同事关系，做不了客户沟通，甚至连家庭相处之道也一无所知。那么，他就会像一块胡萝卜一样渐渐变软。或许就是因为这种变软，把自身的棱角磨去，他才能继续生存下去，而如果一直保持旧态，则将被淘汰。而另一种人，他先天条件不好，但是进入社会后，由于社会的磨练，使他逐渐坚强起来，让自己真正独立和进取，他也才在社会中有一席之地。而那种能够改变环境的人，首先就要学会适应环境，他得把自己真正融入环境，如鱼得水一般自由运用。让自己成为环境的一部分，正是适应环境，改造自己环境的不二法门。

有些人，你永远看不惯，有些生活你永远也不会习惯，只要你活着，这样的日子还得一天一天地过下去，所以，你得学会克制，学会忍耐。你不习惯黑夜，但黑夜每天适时而来，你忍耐着，天就亮了；你不习惯寒冷的冬季，但冬季的脚步渐渐逼近，你忍耐着，那春天还会远吗？你不习惯有些人的处事态度，只要对你不造成危害，就没有必要斤斤计较，或是力图改变他，你只要敬而远之就行了；你不习惯现实社会的某些怪异现象，但你对此也无能为力，就没有必要愤愤不平，或是力图批判，只要不融入其中就行了。面对这个千奇百怪，错综复杂的世界，你就犹如沧海一粟，碧空一星，大地一草，沙丘一粒，实在是太渺小，太微不足道了，你不能企图改变这个世界，这是连许多大人物，社会精英都无能为力的事。你不能与这个世界格格不入，这样别人会把你看成怪物，你也会无法生存；但也不能同流合污，这样你会觉得有辱自己，于心不忍。关键的是要心静，要有好的心态，要有好的心理素质，做到自己心中有数，曲直是非尽在心中。冷眼笑看花开花落，坦然面对云卷云舒。

在杂乱中保持一份清静，在黑夜里点燃一盏明灯。莫管他人如何，首先要干好自己的事；莫管世间怎样，首先要安排好自己的生活。这是你唯一能做的，也是你唯一能做到的，也是你唯一能做好的。

糊涂有利，较真无益

一次，齐国大夫隰斯弥拜见田成子，田成子陪同他一起登上高台向四边眺望，由于高台很高，临高眺远的隰斯弥很有兴致，向东西北三面眺望，都一马平川一览无余，但是向南边望的时候，隰斯弥家的一片树林挡住了他们的视线。田成子虽然没有表示什么不满，但是隰斯弥发现了一些端倪，于是回家后就派家人把这些树砍掉，当家人听从他的吩咐去砍大树的时候，才砍了几斧子，隰斯弥就阻止了他们。他的家人问他："先生为什么这么快就改变主意了呢？"隰斯弥回答道："古代有谚语'知渊中有鱼不祥'，田成子是要干大事的人，如果他明白我能猜透他的心思，那么我就危险了，不砍树还谈不上什么罪过，但是把别人不说出来的事做出来了，那罪过就大了"，于是大家就不砍树了。

一个人最要命的是智商一般，却总是表现出一副事事了然于胸的样子。而一个聪明的人，虽然胸有丘壑，却总是大智若愚。生活中我们也许碰到过那种"满脸猪相，心中辽亮"的人，这种人才是真正的聪明人。而那些凡事都急于表现自己聪明的，往往是聪明反被聪明误，比如杨修可以算是个聪明人，但是他不但事事表现聪明让曹操厌恶，而且卷入曹操接班人位置的争斗中，终于让曹操找了个借口结束了他"聪明"的一生。他这种聪明，其实是一种小聪明，一个人的小聪明总是招福不足，致祸有余。

现实生活中有很多人总以"聪明人"自居，然而实践证明"聪明人"往往聪明反被聪明误。因此，在生活中要学会"装傻"，适时、适度地运用"装傻"手段，去趋利避害。当然，"装傻"也不是要你时时、处处都"作假"，而是为了建立和睦家庭、和谐社会的需要，在不失原则的前提下做出适时、适度的"装傻"。

比如说：在家里配偶为了一些家庭琐事指责你、埋怨你，甚至喋喋不休，你可以装作没听到，没有必要与对方争胜负。给对方留一点回旋的余地，给她或他一个反省的机会，当对方理智清醒的时候，就会感激你的宽容。由此可达到家庭建设的良性循环，创建一个和睦的家庭，和睦家庭是和谐社会的基础。

比如说：在单位有的同事或领导对你有一些误会，你不必大惊小怪，没有必要把事情弄得不可收拾，也不必与同事或领导弄得面红耳赤。因为事实终究是事实，总会有一天真相大白的，到时你的同事或领导就会体会到你的大度、你的境界。

比如说：有朋友托你帮忙办某一件事，由于种种客观原因没有办成功，朋友一时可能对你不理解，甚至会出现怨恨的情绪，你也不必把朋友的表现放在心上。给对方留一点空间，当朋友了解到事情的原委后，就会理解你，甚至心存感激。

"装傻"也是一种"生存"之道，电视剧《宰相刘罗锅》中的刘墉，因办事刚直不阿，在朝廷中上至皇亲国戚，下至七品芝麻官，有很多人对刘墉怀恨在心，都想找机会置他于死地。可是刘墉善于为官之道，往往能用"装傻"的方式，将别人的加害一一化解，"装傻"之举为他化解了数次劫难。

在常人看来，无论是跟装傻的还是跟真傻的在一起混，心理上都会没有压力，以至于自己沾沾自喜，觉得比他们高出一筹。谁让他们犯傻呢？谁让自己聪明呢？

这便是装傻者的目的，以傻为诱饵，把你拖下水，然后痛打落水狗。装傻者大都是足球界的精英，懂得一两门装傻的技巧，也懂得装傻的好处。傻嘛，谁能跟这样的人认真呀？既然你不认真，那么"对不起了，我也要把你弄傻了，我要把你活活的给煽呼傻了"。

懂得装傻，就要知之为不知。对一些事情装作不知道，对别人的话装作没有听到或者是没有听清楚，便于避实就虚、猛然出击的说辩方式。它的特点是：说辩的锋芒主要不在于传递何种信息，而是通过打击、转移对方的说辩兴致使之无法继续设置窘迫局面，而化干戈为玉帛，并能够寓辩于无形，不战而屈人之兵。在人与人之间的交往中，这种方式的使用场合很多。

它可以用于挽回"失语"所造成的尴尬局面："马有失蹄，人有失言"，偶尔失语在语言交际中也是在所难免的，然而失语往往是许多矛盾发生和激化的根源。所以，挽回失语，在语言的交际中的确是很有必要的。

当然，它还可以用于对付别人的诡辩："事实胜于雄辩"，掌握好充分的事实依据是战胜对手的有力法宝。然而令人遗憾的是，在许多种情况下，面对着巧舌如簧的人，它也总是让人难堪至极——明明知道对方是谬论，然而却又无法还击它。

懂得装傻，就不要锋芒太露。作为一个人，特别是一个有才华的人，要做到不露锋芒，既有效地保护自我，同样又能充分地发挥自己的才华，不仅仅要说服、战胜盲目骄傲自大的病态心理，凡事不要太张狂、太咄咄逼人，更要养成谦虚让人的美德。所谓"花要半开，酒要半醉"，凡是鲜花盛开娇艳的时候，不是立即被人采摘而去，也就是衰败的开始。人生也是这样。当你志得意满时，切不可趾高气扬，目空一切，不可一世，这样你不让别人当靶子打才怪呢！所以，无论你有怎样出众的才智，然而一定要谨记的是：一定不要把自己看得太了不起了，不要把自己看得太重要，不要老是把自己看成是救国济民的圣人君子一般，还是收敛起你的锋芒，夹起你的尾巴，掩饰你的才华才是最好的处世之道。

如果生活工作中你凡事都斤斤计较，可能会得到一时的满足；如果你处处锋芒毕露，可能会得到一刻的虚荣；但是在你得意之时也许已埋下了隐患。"装傻"是一种宽容、一种境界、一种技巧、是人生的一门艺术。

拒绝是成功的起点

你一定经常遇到这样的问题：一位同事突然开口，让你帮他做一份难度很高的工作。答应下来吧，可能要连续加几个晚班才能完成，而且这也不符合公司的规定；拒绝吧，面子上实在抹不开，毕竟是多年的同事了。应该怎么找一个既不会得罪同事、又能把这项工作顺利推出去的理由呢？

有人会直接对同事说："不要，就是不要！"这绝对不是最佳的选择，可能会让你和同事以后连朋友都没得做。有人会推托说："我能力不够，其实小A更适合。"那你有没有想过当同事把你的这番话说给小A听时，他会做何反应？有人会不好意思地说："我真的忙不过来。"理由不错，可是只能用一次，第二次再用时，你面对的一定是同事疑惑的眼光。

美国作家塞林格在写出那本风靡一时的小说《麦田里的守望者》后，他的从容平和与冷静思考使他的作品保持着持久而劲道的艺术魅力，他的作品，哪怕是一则短篇，只要一面世，马上就会引起强烈的反响，深受大家欢迎。出名后的他拒绝一切宴会与采访，也不接受一些大学的荣誉邀请。他带着他的家人来到一处偏僻的乡村，买了包括一座小山在内的几十亩土地，并在山顶建一小屋，周围种上许多树木，在外面还拦上几尺高的铁丝网。他每天八点进小屋写作，下午五点出来陪陪家人，看看书报。其间，家里任何人不准打扰他，如有要紧事，也只能电话联系。他基本上把所有时间都用来思考和写作，偶尔到小镇上买买书刊。如万一有人登门拜访，也得先递上信件和便条之类的东西，要是生人就拒之门外。他成名后只接受过一个记者的采访，那是这个小镇中学里的一位女学生，为给校刊写篇人物传记特地去找他的。他看着这位可爱的学生，破例答应了她，与她交谈了五个小时。塞格林的拒绝，正是要给自己一个安定的思考环境，而不愿意太多的牵扯到俗世之中，但是他也有接受当一个可爱的女学生拜访他的时候，他却没有拒绝。所以拒绝对是一种选择，一个敢于选择的人才敢于拒绝。

有时候，学会拒绝是为了不想让太多的人受伤害，学会拒绝是对自己和他人的负责，对生命本身的负责。不会拒绝的人只是一种任性，是对自己感情的放纵，对自己和别人的放纵，放纵总会产生误解，误解滋生伤害，伤害酿造悲剧，悲剧会毁灭人生。

学会拒绝更是一种精神。灵魂产生精神，精神丰富着灵魂。我们每个人都在精神的指导下过着自己的生活，走着自己的人生路。没有精神的民族是危险的，没有精神的人是空虚的。把学会拒绝也当作是自己为人处世的一种精神，用这样的精神武装自己的灵魂，你会得到更多的心里平静。

学会拒毫无疑问是一项资本。人活着就是在不断地创造和积累着资本。没有资本不可能有实现自我价值的可能性。物质资本不可少，精神资本更为重要。学会拒绝让我们果断地处事，果断地走着自己的路，不断的拒绝正是为了更有选择的接纳，让那些有利于我们的因素日积月累，而让那些不利的因素离我们远去。学会了拒绝让我们更加幸福。

拒绝不可以粗暴，而必须讲究一定的艺术性，讲究方式和方法，学会拒绝别人要让别人很高兴地接受被拒绝，这样的拒绝才是有效的拒绝，真正的拒绝。否则会恰恰其反；学会拒绝要讲究场合和人群，不同场合不同性格的人有不同拒绝他的方式，如果按照你自己的感觉随便地拒绝是不温柔的拒绝；学会拒绝还要讲究时间和时机，不讲时机，不讲方法的拒绝会让好心变成坏心，好事成为坏事，让温柔的拒绝成为仇人的生产线。

如果鱼和熊掌不可兼得。孟子说"舍鱼而取熊掌也"，要想吃鱼就必须拒绝熊掌的诱惑，要想吃熊掌就必须拒绝鱼的美味。人生很多时候也不可能两全，只能靠我们自己的选择，有选择就注定有拒绝。学会拒绝，拒绝是一种美德，会让我们生活过得更加幸福，行走得更加潇洒！

会说话让你左右逢源

　　人生在世，你无法生活在一个孤立无援的空间里，无论我们将怎样度过漫漫人生，选择什么样的生活方式，实现什么样的目标，都无可避免地要与他人交往、沟通以及和谐相处。因此，成为最会说话的人，也许是生命中最基本、最重要的一件头等大事。最会说话的人，将左右逢源，如鱼得水；不会说话的人，将处处受限，寸步难行。

　　有人说会说话很难，但有句俗语应该大家都知道："难者不会，会者不难"，很简单的八个字道出了世间的真道理。把这些事情分开来看，一般又分为两种：一种事情是你"会"做，一种事情是你"不会"做。你心里有底，能把握，那么，这件事情对你来说没有问题，代表你"会"做；而一件事你没有把握，它对你来说是陌生的，做起来很难，甚至根本就无从下手，那么就是"不会"做；会者，事情看似相隔万水千山，处理起来却是近在咫尺；不会者，咫尺之间，也会跋涉万水千山，最终却也没有做成，会与不会的奥妙，其实还是在技巧的方寸之间，要看拿捏！

　　一个人会不会说话，其实与事情难与不难是一个道理。说话交际在我们本身来讲是一件极为平常的事情，我们每天基本上都有无数的说话、交际，以此道具来赖以沟通、生活，并且在各种场合下，我们需要依靠我们种种话语的力量，来满足我们的需要，从而对我们的说话对象施以影响——言语的影响。然而实际上我们做得怎么样呢？我们自己心里实在太清楚了！毫无疑问，我们在这方面的修为远远不够，我们的说话水平和技巧与那些能运用卓越说话技巧的人相比惊人的差！以至于我们不得不对自己进行逐步修正、提高，我们的话怎么样说才能圆熟、漂亮，怎么样运用技巧才能达到一定高度水准，这过程中，一个"会"字就出来了，需要"会"说话、需要"会"掌握说话的方法和技巧，需要说话无意识转向训练有素，转向说话水平层次高人一筹，那么，这一切实现起来有多难？那只有我们自己知道了！

　　传统观念中，人们对"会说话"持不以为然的态度。孔老夫子就说："巧言令色，鲜矣仁。"其实，"会说话"本身并没有好与坏之分，重要的是"为什么说""说什么"。三国名相诸葛亮、唐朝名臣魏征都很会说话，历史都肯定了他们。

　　说话技巧层次自然有高下之分，每个人的说话与其追求的境界所达到的目标都是不一样的。烛之舞不费一兵一卒言退百万雄师，三国诸葛舌战群儒，联吴抗曹，致使号称"八十万大军"的曹兵几乎全葬身滔滔江水，会说话说到这份上，其中高层次的技巧更代表了毫无边际的说话境界。

　　自然，到什么山唱什么歌，遇什么人说什么话！这是需要我们长期实践去领悟的，我们讲："说话是基础，说'好'话是标准"，你要跃上这个标准，代表你经历"会"的每个层级，这每个层级的支撑点都是技巧，这些技巧一直通到你要去的地方，所以，要掌握好说话的分寸，做到"会"说，一定要善于去领悟。

诚信是最简单的智慧

济阳有个商人过河时船沉了，他抓住一根大麻杆大声呼救。有个渔夫闻声而致。商人急忙喊："我是济阳最大的富翁，你若能救我，给你 100 两金子"。待被救上岸后，商人却翻脸不认账了。他只给了渔夫 10 两金子。渔夫责怪他不守信，出尔反尔。富翁说："你一个打鱼的，一生都挣不了几个钱，突然得十两金子还不满足吗？"渔夫只得怏怏而去。不料想后来那富翁又一次在原地翻船了。有人欲救，那个曾被他骗过的渔夫说："他就是那个说话不算数的人！"于是商人淹死了。商人两次翻船而遇同一渔夫是偶然的，但商人的不得好报却是在意料之中的。因为一个人若不守信，便会失去别人对他的信任。所以，一旦他处于困境，便没有人再愿意出手相救。失信于人者，一旦遭难，只有坐以待毙。

所以说，做人要诚信。这个道理实际上连花果山上的猴子们都懂。当猴子们走到一条瀑布面前的时候，大家许诺，如果谁能穿过瀑布而不受伤就拜他为王，石猴做到了，而且替猴群顺便找到一个栖身之地，当猴子们忙着抢家具物品的时候，石猴说道"人而不信，不知其可也"，于是众猴参拜。这虽然是一个神话故事，但足以说明，我们的古人对于诚信是很看重的。

诚信是我们中华民族的传统美德，是做人的基本道德准绳，是人生最美好的品格。而在国内国外也流传着许多有关诚信的名言，如我国孔子的"人若无信，不知其可也"；墨子的"言不信者，行不果"；国外德莱的"诚实是人生的命脉，是一切价值的根基"等。这些都体现出，诚信是人安身立命之基，有了诚信这个生命之根我们才可以获得别人的信任，才可以走得更稳更远！

诚信绝对不是一种销售，更不是一种高深空洞的理念。它是实实在在的言出必行，是点点滴滴的细节。诚信不能拿来销售，更不能拿来做概念。这是马云给人们的创业忠告，然而在身边的生活中，仍存在一些与诚信背道而驰的现象。如大学生考试作弊、造假文凭、贷款违约等。中国人民银行总行行长曾痛心疾首地说："从1999年起至今我们一共为我国的大学生提供了695万的国家助学贷款，然而至今年为止，拖欠贷款的比例还一直徘徊在20%－40%之间。我们是怀着一颗炽热的心送出我们的帮助的，但收获的结果却令人心寒。"丧失诚信，也丧失了尊严，不但伤害了自己的信誉，也伤害了社会的公信。所以，要建立一个诚信的社会，必须从我们每一个人做起，不要让信任成为人间的稀有物品。

诚信犹如一潭清澈幽静的湖水，宁静，淡泊，美丽，它以自己朴素而又整洁的面容，向人展示自己的美丽，会让我们的人生更加完美。诚信还是心灵的一面镜子，能够折射出人性的善与丑，真与假。只有做到诚信待人、诚信做事，付出真诚与善意，才能收获人生之果实。

诚信是人生的立身之本，丧失了诚信的世界就如鱼儿脱离了水面，鸟儿失去了翅膀，是不堪设想的。为了我们的人格，为了我们美好的明天，我们一定要一诺千金，坚持诚信做人，从最简单的事做起，为生命点燃最绚丽的火花！

以退为进真聪明

水性向下，当一滴水从雪山冰川的缝隙中坠落下来的时候，他的使命就是把自己放得尽量的低。于是，他从高原向大海狂奔，昼夜不舍。如果在这个过程中遇到了高山的阻挡，水的策略有两种。第一，等待，积蓄力量，不去强攻目标，直到自身的力量暴发之时，摧毁障碍，向东奔去。而另一种方式就是，如果有路可寻，他就会寻找另外的出路，而不是死缠硬打。所以，水是一种不拘格的精灵。

水的品格决定了水无坚不摧的能量，因此老子说"上善如水"。水是智谋而坚韧的战士，虽然他也有无可比拟的磅礴，却不是横冲直撞的匹夫。水具有种种美德，他滋润万物有得于它们生成，不和万物相争保持平静，处在人人都厌恶的低地。水是最懂得以退为进的生灵。或者受了水的启发，我们的哲学思维里有了一个以退为进，后发制人的概念。

一位留美的计算机博士，毕业后在美国找工作，结果好多家公司都不录用他，思前想后，他决定收起所有证明，以一种"最低身份"再去求职。

不久，他被一家公司录用为程序输入员，这对他说简直是"高射炮打蚊子"，但他仍干得一丝不苟。不久，老板发现他能看出程序中的错误，非一般的程序输入员可比，这时他亮出学士证，老板给他换了个与大学毕业生对口的专业。

过了一段时间，老板发现他时常能提出许多独到的有价值的建议，远比一般的大学生要高明，这时，他又亮出了硕士证，于是老板又提升了他。

再过一段时间，老板觉得他还是与别人不一样，就对他"质询"，此时他才拿出博士证，老板对他的水平有了全面认识，毫不犹豫地重用了他。

以退为进，由低到高，这是自我表现的一种艺术。因此，一个人要做成一件事，不懂得后退是不行的。后退是一种策略。不懂得后退的人，往往难以达到目的，还可能碰得头破血流。当然，有时候后退就得有牺牲。在下象棋的时候，人们惯用"丢车保帅"这一招。因为丢了帅，就等于认输，因此为了保帅，丢车是在所不惜的。一位伟人曾经说过"我们今天大踏步地后退，就是为了使明天大踏步地前进"。

很直观的，我们知道，弓只有向后拉满，才能射出流星般疾劲的箭；铁锤抡得够高，才能砸碎坚固的顽石；水坝要筑得落差够大，才获得丰沛的电力；一场战争，只有准备得够充分，能得取得最后的胜利。向后退其实是为了造就自我进取的资本。无论何时，首先要造就自己进取的资本。如何造就，那就是靠一种坚韧和执着，用知识和学问来武装自己的心灵，苦练坚韧之功。聪明的人从来不拿鸡蛋去碰石头，他们善于以退为进。

如果一个人不知进退，非要拿着鸡蛋去碰石头，结局只会是鸡蛋破了。做人也一样，太过刚强容易折断，在危险降临时要不惜低一下你高贵的头颅。

聪明之人，会懂得知难而退，懂得怎样去拼搏。在实际生活中，"以退为进"的智慧是不可缺少的。通过诸如"退一步海阔天空"之类的哲语，无不体现出了一种大智慧。战国时田忌同齐王赛马，田忌一开始就以劣马出赛，齐王认为这是田忌屡战屡败，破罐破摔的表现，他盲目骄傲，仍按上马、中马、劣马的老套路出马，齐王胜了第一场，却连输了两场。这个故事最生动地展现了"以退为进"策略的智慧。这就是暂时的胜利容易蒙蔽人的眼睛，使人对即将到来的危险浑然不觉，从而失去了弥补挽救的最佳时机。

那么，做到"以退为进"，抓住"退"和"进"做到恰到好处是最重要的；首先"失"和"得"之间的辩证关系是重点。因为"退"并不是一味地忍让、败退；"进"更不能不假思索，急躁冒进。必须切记：退应有底线，进要有节制。至于"底线"和"节制"则因事而异，需要我们灵活地判断和处理。总之，策略的关键就是抓住以退为进的最佳机会，到该是拿起"第三块西瓜"时果断出手，绝不能拖泥带水。

当然，各种利益间都是随着环境变化而变化的，所以以退为进策略绝非如此简单。举一个简单的例子，比如生活中买东西。有些耐用品或者是准备在较长时间内都不更换的大件商品，就应当有一些超前意识，选购比较高端的产品，虽然有些功能特性现在一时还用不上，却能保证经得起更新换代的时间考验。对于损耗品或者是不打算长期使用的物品，就应结合自己的购买力，着重于实用性考虑而不盲目追求高档。

因此，就要求我们因时而异，随势而动，才是以退为进的真正本义。

生活本身就充满矛盾，是辩证的，有时候，我们需要信心满怀地向前跃进，而有时候，需要以退为进，所以，就要求我们要选择割舍并学会放弃，卸下不必要的负担，退出没必要走的弯路。我们不要光锻炼某方面的能力，而要学会平衡，让各方面平衡发展。独轮车固然是杂技演员的拿手好戏，但是真正要开展长远的征途，还是四个轮子比较稳妥。

因此，给自己一条退路就等于给自己开辟了一条前进的路，一意孤行只会刚愎自用，那只能会回天无术，悔时已晚，从而为自己或为别人留下遗憾。

第十章　合作是力量的源泉

　　《周易·系辞上》有云："二人同心，其利断金。"意思是两个人同心合意，其锋利程度能把金属切开，比喻只要两个人一条心，就能发挥很大的力量。

　　一个人的力量太小，只有拥有合作，才能开创更大的未来。

求同存异解决分歧

　　世界不可能出现千人一面的局面，而且，如果真的出现了千人一面的局面，那么我们这个世界将不堪收拾。世上没有两片完全相同的树叶，也同样没有两副完全相同的面孔。每一个人都有每一个人自己的特点，每一个人都有每一个人的脾性，因而，我们应该有求同存异的胸襟，允许别人与自己不同。

　　在很多时候，你也许会以为别人的所作所为所想会跟你相差无几，一旦发现事实并非如此时，你就会生气、不快或者恐惧。尤其当你是一位某个领域的主管者，你就会在有意无意之中要求别人都能跟你一样，以使你所主管的领域成为一个没有差别的整体。或许在你看来这是上下一心，凝聚力空前高涨，但是在别人看来你这是搞一言堂，团队的活力因此会空前下降。事实上，这种效果根本达不到，如果你就为此生气、不快或者恐惧，那也根本于事无补。

　　一个成功的智者在与他人交往的过程中，总是习惯进行换位思考，运用求同存异的智慧，而能够自如地运用求同存异的智慧的人，肯定是一个有高度自律能力的人。

　　要做到求同存异，关键的一点就是要多思考，多包涵，充分运用求同存异的智慧交际艺术，妥善地处理自己与他人的关系，从而获得人生最大的快乐。在你与他人之间交往与相处的时候，你要时刻记住"求同存异"的概念，就是尊重每一个人的独特性，如果你不允许别人与你不同，拒绝与他人在交往和相处时求同存异，那么最终，你只能孤立你自己。

　　如果，你总是要求别人都向你看齐，都与你保持一致，并试图以此提高自己的"威望"，那你就会将自己放在了尴尬的境地，因为没有人会满足你的要求。放弃你的这种想法，看看他人身上的长处，允许他人保持独特性，这才是你真正的智慧，你的"威望"也自然会建立。

虽然求同存异用得最多的是处理国际关系方面，但细细想想，求同存异也应该成为处理人际关系的重要原则。如果与人相处能够做到求同存异，那么，人与人之间就可能比较容易相处了。

所谓的求同存异，其内涵是指寻求共同之处，保留不同意见。讲的是不因个别分歧而影响主要方面的求得一致。与人相处，既要寻找共同点，更要宽容不同的。这就是求同存异。

求同存异，当然是双方的。国家与国家，地区与地区，团体与团体，组织与组织，如果要合作，就必须达成共同的认识，这就是求同存异，双方都要求同存异。只有这样，双边关系才能够处理得好。如果做不到求同存异，发展双边关系或者达到合作的目标是困难的。

在我们倍加推崇的儒家之道中，中庸之法是其中的精髓，中庸的主旨是和谐，强调为人处世的方法。如何在不同的群体和各种各样的人中求同存异，和气交往，即让众人都觉得恰到好处，关键在于把握技巧。例如，用尊重别人的方式挑战他的观点，既陈述了自己的意见，又不使他丢失面子，也使他人易于接受。

中庸之道讲究和谐、和气，不伤人，不伤己。一个人太过正直，不懂人情世故，不懂和谐之道，很容易四面树敌，给自己的发展埋下祸患。中庸之道是人际关系的减震器和润滑油，它可以在出现误会、产生分歧、发生矛盾时，充当调停人，化一切恼人、难堪、剑拔弩张的干戈为玉帛。

人与人之间的求同存异，要求正确地看待他人，要用善良的眼光看到他人的善良；要用美丽的眼光看到他人的美丽；要用灿烂的眼光看到他人的灿烂；而绝对不是用片面的，歧视的，甚至对立的眼光去看待他人。

　　如果一个人，在与人相处的时候，能够想到并且做到"求同存异"，那么，这个人就一定会有很多的朋友；如果一个人，在与人相处的时候，总是不能宽容或者保留他人与自己的不同方面，那么，就不会有良好的人际关系，也就不会有许多的朋友了。

　　想想吧，如果太阳升起，却永远不落；春天来了，却永远不走；人人都长着同样的面孔，做着同样的事，想着同样的问题。那是什么样的一个世界？听起来好像是科幻的机器人世界，是一片冷冰冰的世界。所以，如果还觉得五彩的世界更可爱，那么学会求同存异吧。

学会分享果实

不要吝啬自己所拥有的东西，学会拿出来一起分享，如果一个人遇到好处都自己拿而不懂得分享，遇到困难都往后退，希望别人替你担当，这样的人有谁会与他交往呢。生意场上有一句话"有钱大家赚"，这句话并不是一句套话空话，因为如果你一个人赚钱，没有任何一个生意伙伴会同你达成一笔业务。而只有分享自己的利益，才可能获得最多的帮助，取得最大的成就。学会分享自己现在所拥有的，不管是快乐还是悲伤，快乐因为分享而放大，悲伤也会因为分享而缩小。我们在分享的同时，将会得到对我们来说更加重要和丰富的东西。学会分享是我们人生路上的必修课。

有一些人总认为自己的一切都是自己一个人辛苦赚来的，凭什么与人家分享呢？与他人又有什么关系呢，因而心安理得地独享胜利果实，有这种想法的人迟早要在社会上吃到一些苦头才能够醒悟。俗话说"见一面，分一半"，如果你找到了金子，是不可以独吞的，自己留下一些，其余的要分给那些也在淘金却一无所获的人，分给那些把水背上山卖给你的人。

任何一个人的成功都与他人的贡献息息相关，即便是淘金这样的事。一群人去河谷里淘金，那么这些人与你就不只是竞争对手关系，而且也是合作伙伴的关系。也就是现在常提的竞合关系。你总能从他人的身上学到一些淘金的经验，从每个人的失败知道哪一个地方根本淘不上什么金子，同时，还有一部分人是为淘金者服务的。如果没有这些人，你的淘金事业无法继续下去。所以，没有一项工作是可以完全独自完成的。

动画片《人猿泰山》中，泰山为什么被推举为森林之王呢？大象、狮子、老虎的力量都比他强大，他甚至还没有猴子灵敏。他之所以能在森林称王，靠的是与他人分享快乐。他和每种动物交朋友，关心、照顾它们，所以大家都喜欢他。当泰山有急难时，大叫一声，每个动物都出来帮助他。可见，只要你学会与人分享，你就能获得更多人的帮助和支持，成功的机会就越大。

人，一定要学会用自己的所有，去换取对你来说更加重要和丰富的东西。而这种换取就是一种分享。农夫把粮食与人们分享，渔人把美味与人分享，工匠把器材与人分享，正是这种分享才造就了发达的现代社会。如果农夫种出来的粮食自己吃，那么大部分人会饿死。如果渔人不把鱼儿同别人分享，那么，人们就会永远不知鱼味。如果工匠不把器械与人分享，那么也许我们连刀耕火种也不可得。或许你说农夫、渔人、工匠是为了钱，反正你是付了钱的。那么，你就没明白，钱只是证明分享多少的标志。没有分享，就没有交换，没有交换就没有商业。那人们永远会停留在茹毛饭血的时代。

分享是一种豁达的心胸，更是一种智慧。在你的奋斗之旅中，不但要分享你的果实，还要分享你工作上的失败与成功的体验，把个人独立思考的成果转化为大家共有的成果。

在分享中，可以同时以群体智慧来解决个别的问题，以群体智慧来探讨工作、学习以及生活上遇到的困难和问题，这样又培养了人与人之间相互协作的精神，促进了大家共同的学习和进步。当大家都愿意把自己的长处、经验拿出来分享的时候，你们所有人都能优势互补，一起进步，获得更大的成就。人际关系跟实际利益同样重要，甚至更重要，懂得分享，分给别人一杯羹，照顾一下别人的颜面，只有这样才会有更好的人际环境，才能持续发展。这个道理，做人做事做企业，做互联网企业，都是一样。

尊重你的朋友

朋友嘛，不要紧的！很多人都这么想，他们认为朋友就是不管怎么样都会帮他，都爱偏袒他，甚至不管他怎么伤害朋友，朋友都会原谅他。持这种想法的人其实很危险，而且，做他的朋友也将是一种不幸。的确，朋友是你生命中特殊的一群人，他们与你亲近，爱护你，帮助你，但不等于他们在人格上会比你低上一等。

朋友的范围再扩大一些，我们交往客户其实也是在交往朋友，不过是事业上的朋友而已。如果你对这样的朋友不尊重，或许为了经济利益，他们一样会与你往来，但是这样的友谊却不长久，稍有风吹草动，吃亏的就是你自己。很简单，人们凭啥一定要让你当大爷，而他们像孙子一样在你周围？友情吗？也许他们给你的是友情，而你给别人的呢？

在每个人的成长过程中，朋友不可缺少，而朋友是每个人社交生活中的一部分。是拓宽自己人脉以及当你需要帮助时一种不可缺少的资源。中国有句老话："有了朋友好办事情"，可见朋友在我们生活中的重要性。我们每个人都需要朋友，希望自己有更多的朋友，最好是各个行业中都有自己认识的朋友，那么自己的事情也就好办多了，人脉也就多了。

一次，英国维多利亚女王与丈夫吵了架，丈夫独自回到卧室，闭门不出。女王回卧室时，只好敲门。

丈夫在里边问："谁？"

维多利亚傲然回答："女王。"

没想到里边既不开门，又无声息。她只好再次敲门。

里边又问："谁?"

"维多利亚。"女王回答。

里边还是没有动静。女王只得再次敲门。

里边再问："谁?"

女王学乖了，柔声回答："你的妻子。"

这一次，门开了。

也许有人会觉得朋友嘛，关系亲近了，没必要搞那些虚文假礼，该怎么样就怎么样，如果他是我的朋友，他就应该接受我。看看女王的这个小故事。一个有教养的人，即便是夫妻之间也知道尊重对方。

社会上不同的人扮演着不同的角色，有着各种各样的性格和经历，也有着各自成熟的世界观。其中有些人你很合得来，有些人你并不喜欢，但因为某种利益上的关系必须和他们在一起，不得不与他们打交道，共同相互处事，甚至每天都要天天见面打招呼。但是，无论最后是否能成为你的朋友，至少有点肯定的是你必须要尊重对方。也只有尊重他人，在我们的社交活动中才能获得他人的好感，其次是逐步的过程了解对方，去观察对方能否成为自己的朋友。也只有认知了获得了更多的信息，有些人则能成为你一辈子的好朋友，甚至是你推心置腹的朋友。那么这些朋友应该更加的尊重他，尊重他的所有一切。尊重他们，就是珍惜他们。

并不是每个人都能成为你的朋友，虽然愿望如此，但我们实际上做不到。一个人能成为你的朋友，必须具有很大的缘分。比如人生态度，合作关系，情趣爱好，等等。朋友身上总是让你值得共鸣的东西，或者永远也有你值得学习的东西，即便你现在位尊权高，而你的朋友依然只是布衣百姓，起码他有配得上你的地方，因此你们才会成为朋友。人生活在世界上，离不开友情，离不开互助，离不开关心，离不开支持。既为朋友，就意味着相互承担着排忧解难、欢乐与共的义务，只有这样友谊才能持久常存。

友情和爱情一样也需要呵护，需有一定的艺术性。对一个朋友，且不论男女朋友，不能太过于重视，否则对方会觉得压力很大，会被你的重视压得喘不过气，但又不能过于疏忽，过于疏忽，可能就不会再有联系。无论是朋友之间，还是恋人之间，相互给予对方的情感，肯定是无法对等的。总会有付出较多的一方，而往往是付出多的一方容易受到伤害。所以，在和朋友相处的时候，都要告诫自己，控制自己的付出，这样会让自己和朋友都不受伤害。

虽然，朋友也有可能伤害你，但是，请你记得，如果他是你的朋友，他的伤害就是无心的，因为他不是你的敌人。而朋友的帮助却是真诚的，我们应忘记那些无心的伤害，铭记那些对你的真诚帮助，你会发现这人世间你有很多真心的朋友。在日常生活中，就算最要好的朋友也会有摩擦，我们也许会因这些摩擦而分开。但每当夜阑人静时，我们望向星空，总会想起过去的美好回忆。就是这些琐碎的回忆为我们寂寞的心灵带来无限的慰藉！就是这感觉，让我们更明白朋友对自己的重要！每一个人都有一方属于自己的乐土，当你心情沮丧的时候，当你灰心失望的时候，当你觉得好友渐渐淡漠的时候，请珍惜朋友真挚的友情。

谁都想永远拥有真心的朋友，这也并不是不可能。但是人生变数很多，离散聚合也属正常，应顺其自然，不必勉强。属于自己的朋友，会走过来，不属于自己的朋友，留也留不住，因为人活着不是为了痛苦，人生的快乐就在于心相知。

每一份淡漠下面也都隐藏着深深的寂寞和渴望。每一个人都有自己痛苦挣扎的心路经历，默契不过是因彼此理解而产生的共鸣，只有和谐才是身心疲惫时依然不泯的微笑。互相的惦念，互相的牵挂，与互相的爱护便是人世间最最难得的情感抚慰，是朋友之间最难割舍的真情。好友之间所以能长期共存，正是因为有了这种心灵间的相互依存与默契，孤独的人生才变得丰富而深刻。能够拥有一位好友，一位至交，便拥有了一生的情感需求。好友如衣食，如日月，如自己的身影，在最最孤独时，无论相隔多远，好友都会如期而至，那时即便是默默相对，不说一句话，感受也是雨露的滋润，心平如镜，心境如云。

　　珍惜每一份友谊，珍惜每一位朋友，无论友情是不是已经过去，无论朋友是不是还会相聚，也许不会天长地久，也许会淡忘，也许会疏远，但却从来都不应该遗忘。友情像一粒种子，珍惜了，会在你的心里萌芽，抽叶，开花，直至结果。而那种绽放时的清香也将伴你前行一生一世……

双赢思维铸大写人生

你死我活的战争思维不再适用于现代的经济社会活动上，经济活动本质上是所有的人参与劳动创造财富以及消费财富，本质上讲每个人都可以活得很好，极端例子就是每个人分配一块田地，自己种粮食，喂养家禽，自己建房子住，等等。通过劳动不损害别人利益的前提下增加自己的劳动成果，创造价值，享受生活。所以，认为世界必须是零和的，认为利益总是此消彼长，钱总是你赚我赔的思维模式早已不合时宜，这世界其实是双赢的。

什么是双赢？就是利己利人。一般人看事情多用二分法：非强即弱、非胜即败。其实世界之大，人人都有足够的立足空间，他人之得就视为自己之失。双赢思维就是一种利人利己的思维方式。利人利己者把生活看作一个合作的舞台，而不是一个角斗场。

在商界有一个传奇故事：王有龄是杭州一介小官，想往上爬，但苦于没有钱做敲门砖。胡雪岩与他稍有往来。随着交往加深，两人发现他们有共同的目的。于是，王有龄对胡说："雪岩兄，我并非无门路，只是手头无钱，十谒朱门九不开。"胡雪岩说："我愿倾家荡产，助你一臂之力。"王有龄说："我富贵了，绝不会忘记胡兄。"胡雪岩变卖了家产，筹集了几千两银子，送给王有龄。王去京师求官后，胡雪岩仍旧操其旧业，对别人的讥笑并不放在心上。几年后，王有龄身着巡抚的官服登门拜访胡雪岩，问胡有何要求，胡说："祝贺你福星高照，我并无困难。"王有龄是个讲交情的人，他利用职务之便，令军需官到胡的店中购物，胡的生意越来越好、越做越大，他与王的关系也更加密切。正是凭着这种功夫，胡雪岩使自己吉星高照，后来被左宗棠举荐为二品官，成为大清朝唯一的"红顶商人"。

王有龄与胡雪岩的事迹成功的阐释了双赢的关系。首先，王有龄虽有满腹才华，但是由于手里没钱，进士无门，而胡雪岩只是一介布衣，但是，胡雪岩把自己的家产变卖了帮助他。这时候看起来，胡雪岩完全是一种自损，因为他看起来取不得任何利益，这件事看起来对他没有任何好处。但是王有龄当官后，刻意对他的照顾，成就了中国历史上第一个有官位的商人。这说明什么呢？从胡雪岩的角度来说，我们不要太计较一时一地的得失，看淡名利心，而有王有龄的角度来说，他借胡雪岩的钱实现自己怕理想，反过来回报胡雪岩，这就是一种双赢的关系。在这种关系中没有谁是受损的，反而都是受益的。不是胡雪岩给他几千两银子，就损失了几千两银子，而是这些银子，可能换回了十倍，百倍的回报。皆大欢喜。

"好风凭借力，送我上青云。"人际交往，互利互惠。帮助别人，就是在自己的人情信用卡储蓄，特别是在人患难之际伸出援手，救落难英雄于困顿。真心助人，其回报不言而喻。送人玫瑰，手有余香；帮人发达，自己沾光。

在史蒂芬·柯维的《高效能人士的七个习惯》中谈到，利己利人可使双方互相学习、互相影响及共谋其利。要达到互利的境界必须具备足够的勇气与与人为善的胸襟，尤其与损人利己者相处更得这样。培养这方面的修养，少不了过人的见地、积极主动的精神，并且以安全感、人生方向、智慧与力量作为基础。想达到利人利己，须从自身的"品德"着手，建立起互利的"人际关系"。双赢的品德是利人利己观念的基础。

20多年前，当今世界首富比尔·盖茨注册的微软公司还几乎无人知晓，与当时的电脑业大亨 IBM 相比，微软简直不值一提。比尔·盖茨认为系统软件将越来越重要，于是，他组织人员日夜奋战终于开发出了自己的操作系统——MSDOS 系统。在当时，微软公司力小利薄，根本无法完成自己的抱负向社会推出这项产品。这时，比尔·盖茨想到了 IBM。

双方合作的基础首先是对双方都有价值，而且是对方急切需要的一种价值。因此，合作的实质也就成了"你为我用，我为你用"。在当时，IBM 想向个人计算机方向发展，但它必须有合作伙伴，IBM 虽然十分强大，但要完成此项开发，软件上仍需合作。恰好微软公司在软件开发方面的小有名气并且成果也是具有一定优势的。这样，二者一拍即合。于是新闻报纸上登出一条经典的新闻：当蓝色巨人（IBM）下山摘桃子的时候，微软幸运地搭上了这班车。

合作，是商业应酬的独特方式，通过对彼此利益的关心，找到双方契合的地方；合作，就能够让彼此都获得更多的利益。你好我也好不是一句空话，只要你能发现合适的机会，为别人提供他所需的帮助，这个人日后没准就是你进阶的有力后台。尺有所短，寸有所长，我们每个人的能力、优点和资源都是有限的，如果能够找到合适的合作对象，联合二人之合力，就能够做出一番不一样的事业。而这样的成就，往往超越了单纯从自身角度出发、只为自己谋利益的应酬，而是将应酬与互利互惠紧紧捆绑在了一起。

只有真诚正直的人才可能获得双赢的奖赏，人若不能对自己诚实，就无法了解内心真正的需要，也无从得知如何才能利己。同理，对人没有诚信，就谈不上利人。因此，缺乏诚信作为基石，利人利己便成了骗人的口号。一个只知道大喊诚信口号，空谈双赢思维，却不诚实的人是根本没法与人共事，更不可能双赢的。正如现实生活中常常出现那样，只想单方面获利的人最终一无所成。

要实现双赢的人生，这个人的心智还必须成熟。也就是勇气与体谅之心兼备而不偏废。有勇气表达自己的感情与信念，又能体谅他人的感受与想法；有勇气追求利润，也顾及他人的利益；这才是成熟的表现。如果心态不好，见到别人赚钱眼红，心理不平衡，或者想多吃多占，那么这种合作是不长久的。当然，为了这种合作的长久，还必须适时伸张自己的利益，而不是委曲求全。委曲求全的关系不是双赢的关系。

另外，一个懂得双赢的人还必须心态富足。一般人都会担心有所匮乏，认为世界如同一块大饼，并非人人得而食之。假如别人多抢走一块，自己就会吃亏，人生仿佛一场零和游戏。难怪俗语说："共患难易，共富贵难。"见不得别人好，甚至对至亲好友的成就也会眼红，这都是"匮乏心态"作祟。抱持这种心态的人，甚至希望与自己有利害关系的人小灾小难不断，疲于应付，无法安心竞争。他们时时不忘与人比较，认定别人的成功等于自身的失败。纵使表面上虚情假意地赞许，内心妒恨不已，唯独占有能够使他们肯定自己。他们又希望四周环境的都是唯命是从的人，不同的意见则被视为叛逆、异端。相形之下，富足心态源自厚实的个人价值观与安全感。由于相信世间有足够的资源，人人得以分享，所以不怕与人共名声、共财势。从而开启无限的可能性，充分发挥创造力，并提供宽广的选择空间。就如前面提到的强强联手，好过争个你死我活。

双赢，不是一方压到另一方，而是追求对各方面都有利的结果。经由互相合作，互相交流，使独立难成的事得以实现。双赢不是一种个人技巧，而完全是一种人际交往思维模式，它来自真诚的品德、成熟和富足心态。要想获得真正的成功，就要从双赢思维开始。